Foto: RPic

Verlag Podszun-Motorbücher GmbH
Elisabethstraße 23-25, D-59929 Brilon
Internet: www.podszun-verlag.de
E-Mail: info@verlag-podszun.de

Herstellung LUC Medienhaus, Greven

ISBN 978-3-7516-1023-0

Jahrbuch 2022
Baumaschinen

PODSZUN

Liebe Leserin, lieber Leser!

Vor Ihnen liegt die 22. Ausgabe des Jahrbuchs Baumaschinen und wir freuen uns, Ihnen wieder interessante Themen rund um Ihr Hobby anbieten zu können. Dank gilt an dieser Stelle allen Autoren und Bildgebern, die in den letzten Wochen und Monaten mit Engagement und einer Menge Zeitaufwand gearbeitet haben, damit dieses Jahrbuch rechtzeitig erscheinen kann. Übrigens: Abbildungen, die nicht namentlich gekennzeichnet sind, wurden jeweils von den Verfassern der Artikel zur Verfügung gestellt.

Vielen Dank, liebe Leserin, lieber Leser, dass Sie dieses Buch erworben haben. Wenn es Ihnen gefällt, schauen Sie doch bitte auf die beiden vorletzten Seiten, auf denen wir eine kleine Auswahl unseres Verlagsprogramms präsentieren. Wir schicken Ihnen gerne völlig kostenlos und unverbindlich unser Gesamtverzeichis zu. Außerdem finden Sie alle unsere Bücher in unserem Webshop unter www.podszun-verlag.de.

Danke auch, liebe Leserin, lieber Leser, für die Zuschriften oder Telefonate, in denen Sie Kritik äußerten und Anregungen lieferten. Wir freuen uns auf den Kontakt mit Ihnen und sind gerne bereit, Ihre Wünsche zu berücksichtigen. Viel Vergnügen bei der Lektüre und beim Betrachten der Bilder. Das nächste Jahrbuch Baumaschinen, die Ausgabe 2023, ist ab Oktober 2022 erhältlich.

Ihr Redaktionsteam „Jahrbuch Baumaschinen"

P.S.

Sie können das Jahrbuch in Buchhandlungen oder direkt beim Verlag auch abonnieren. Von einigen früheren Ausgaben sind noch Restexemplare lieferbar. Fordern Sie kostenlos und völlig unverbindlich unser Gesamtverzeichnis an mit Büchern über Traktoren, Forstmaschinen, Baumaschinen, Lastwagen, Schwertransporte, Autokrane, Autos, Motorräder, Lokomotiven und Feuerwehrfahrzeuge:

Verlag Podszun-Motorbücher GmbH, Elisabethstraße 23-25, D-59929 Brilon
Telefon 02961/53213, Email: info@podszun-verlag.de
Internet: www.podszun-verlag.de

Rainer Volkwein

Caterpillar 988

Mindestens 9457 Radlader vom Typ 988, auch als 988A bezeichnet, wurden bis 1976 gebaut und waren zu dieser Zeit sehr präsent. In vielen Baustellenberichten erschien die Maschine als Akteur oder war im Hintergrund erkennbar. Im Prospekt eines Mitbewerbers unterstützte er sogar deren Radlader fleißig bei der Beladung eines SKW. Obwohl inzwischen rund 45 Jahre vergangen sind, seit der letzte 988 das Band verließ, und bereits mehrere Nachfolgegenerationen existieren, begegnet man der Maschine auch heute noch gelegentlich. So werden mehr oder weniger gut erhaltene Maschinen zum Kauf angeboten, sogar noch professionell betrieben, oder auf Videoportalen im Einsatz gezeigt. Kurzum: Der 988 zählte mit zu den bekanntesten Maschinen von Caterpillar. Trotzdem wurde bislang wenig über dessen technische und optische Entwicklung innerhalb der 13-jährigen Produktionszeit veröffentlicht. Das soll sich hiermit etwas ändern.

Raumfahrtzeit: Das Deckblatt dieser Broschüre vermittelte 1963 den Eindruck, dass die Menschen auf dieser fiktiven Messe ebenfalls ein Stück abhoben. Auf einer Freirampe flanierend betrachtete man aus erhöhter Position die Exponate. Auch den neuen Radlader 988, der in dieser Produktbroschüre erstmals offiziell gezeigt wurde.

Der zweiteilige Radlader

Ab 1959 hatte Caterpillar bereits erfolgreich die Radlader-Typen 944 (87J), 966 (33A) und zuletzt 922 (59A) am Markt platziert. Seit 1962 waren auch schon die ersten CAT-Muldenkipper 769 (99F) im regulären Einsatz. Um die Anforderungen der Gewinnungsindustrie sowie größerer Tief- und Straßenbauunternehmen zu erfüllen, sollte das Angebot durch einen leistungsfähigeren Radlader ergänzt werden.

So erschienen im Januar 1963 der Typ 988 (87A) und im Oktober das kleinere Model 966B (75A) mit den drei fetten Buchstaben „CAT" als Logo. Beide Maschinen verfügten über die zukunftsweisende Knicklenkung sowie das rundliche, sehr massiv anmutende Design, das zu dieser Zeit bereits von anderen CAT-Baumaschinen her bekannt war. Da man den Raddozer 824 (29G) ebenfalls 1963 vorgestellt hatte, war er offensichtlich zeitgleich und parallel mit dem „988 Traxcavator" konstruiert worden. Durch die große Teilegleichheit der beiden Maschinen waren deren Hinterwagen optisch nahezu identisch. Das groß dimensionierte Knickgelenk mit zwei Drehpunkten befand sich fast genau mittig zwischen Vorder- und Hinterachse, also quasi unter dem Fahrersitz. Die beiden Lenkzylinder lagerte man am Hinterwagenrahmen, während die Kolbenstangen auf den Vorderwagen wirkten.

Die am Hydrauliktank gelagerte, mechanische Parallelkinematik der Leiter war einmalig. Diese zog man vor dem Aufstieg ein Stück zu sich hin, wobei sie sich gleichzeitig bis zur Endstellung absenkte. Zwei Stahlfedern mit Übertotpunkt-Funktion hielten die Leiter sowohl in der oberen als auch in der unteren Position. War die Fahrerplattform erreicht, zog man die Leiter an einem speziell gestalteten Bügel mit dem Fuß wieder hoch in eine geschützte Position.

Der oder die 988 – in den Druckwerken von Caterpillar finden sich beide Artikel – war op-

So präsentierte CAT die Vorserienmaschine. Die hinteren Kotflügel, sowie die Halterungen der vorderen Doppelscheinwerfer fand man ausschließlich bei dieser Maschine. Der Inhalt des Kraftstofftanks betrug zunächst lediglich 454 l. Für die links vom Fahrersitz angeordnete Bedienkonsole war optional eine Vandalismus-Klappe verfügbar, die hier geschlossen war.

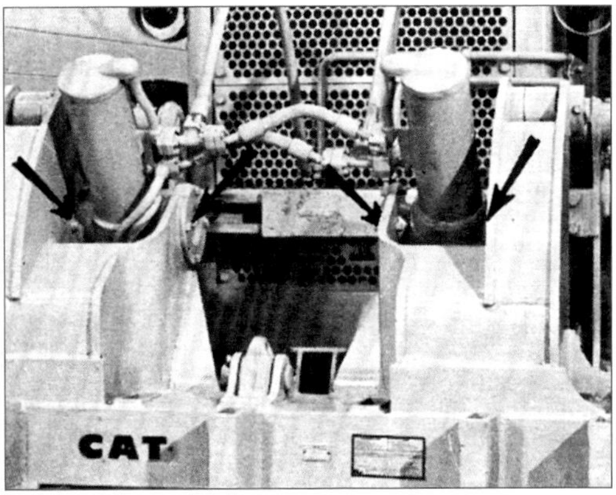

Links: Dieser Schalthebel machte seinem Namen noch alle Ehre. Wie an der Stellung des wuchtigen Hebels erkennbar war, fuhr der Fahrer offenbar aktuell rückwärts im 3. Gang. Rechts: Beweisfoto: Den Aufreißer am 988 gab es tatsächlich, wie dieses Foto aus einem Wartungsheft dokumentierte. Zum „Arrangement" gehörten ein zusätzlicher CAT-Aufkleber sowie eine eigene Seriennummer und die Bedienungsanleitung.

tisch und akustisch eine imposante Erscheinung. Das Design und die verwendeten Materialien vermittelten den Eindruck, die Maschine könne für eine kleine Ewigkeit härteste Einsätze überstehen. Obwohl der Radlader eine für Caterpillar relativ junge Maschinengattung war, ließ sich der 988 vom Start weg umfangreich konfigurieren. Neben sechs Standardschaufeln mit Inhalten zwischen 3,3 bis 4,4 m^3 Wassermaß stand für die Maschinen mit der Seriennummer 1 bis 2384 (01-2384) eine Felsschaufel mit einem Inhalt von 3,8 m^3 und einer Schneidmesserbreite von 274 mm bereit. Später (531-2384) ergänzte eine weitere Felsschaufel mit gleichem Volumen aber 322 cm Schneidbreite das Angebot. Beide Schaufeln sah man für das normale Hubgerüst vor.

Beim „Rock Loading Arrangement", welches über die gesamte Produktionszeit angeboten wurde, war dies anders. Es bestand aus wenigen, aber stringent für Felsladearbeiten optimierten Ausrüstungsteilen: Eine verstärkte 4,6 m^3-Schaufel mit ebenfalls v-förmiger, aber 330 mm breiter Schneidkante und ein komplettes Hubgerüst. Dessen Arme waren im vorderen Bereich etwas geschwungener gestaltet, um der Schaufel einen höheren Rückkippwinkel zu ermöglichen.

Weitaus umfangreicher war dagegen die Holzladeeinrichtung, das „Logging Arrangement", welches auch einen zusätzlichen Hydraulikkreis inklusive eines anderen Hydrauliktanks, spezielle Räder sowie geänderte, hintere Schutzbleche benötigte. Beide Ausrüstungen wurden im Werk montiert und konnten mit Hubzylindern versehen werden, die eine Bohrung von 210 statt 184 mm aufwiesen, um größere Kräfte zu entwickeln. Bereits ab etwa 1967 verbaute man die größeren Hubzylinder dann auch am 988 mit Standard-Ladeausrüstung. Die hydraulischen Verbindungen zwischen dem Vorderwagen und den Zylindern des Hubgerüstes erfolgten – ähnlich den frühen Hydraulikbaggern – durch zwei mit Flanschen versehene Drehgelenkgruppen und Leitungen. So sollte die Anzahl störanfälliger Hydraulikschläuche reduziert werden.

Auch ein 3-Zahn-Heckaufreißer mit Parallel-Kinematik gehörte schon bald (79-Ende) zum Ausrüstungsprogramm. Die „Ripper-Scarifier Group" beinhaltete neben einer massiven Montage- und Hydraulikgruppe auch eine zusätzliche Staubschutzabdeckung, die in Höhe des Kühlers unter das Chassis geschraubt wurde. Bei allen Ladern erhöhten optionale, selbsttätige Differentialsperren für beide Achsen die Traktion. Später bot man temporär (531-2384) sogar Reifenschutzketten und deren entsprechende Reparatursets an.

Die Typen 769, 824 und 988 wurden – ebenso wie die ab 1969 verfügbare Laderaupe 983 (38K) – vom über 2 t wiegenden Dieselmotor D343 angetrieben. Der Sechszylinder-Reihenmotor mit 14,6 l Hubraum stammte aus eigener Produktion und war gemäßigt turbogeladen. Er wies bereits vor rund 60 Jahren Konstruktionsmerkmale auf, die bei Nutzfahrzeugen, dann erneut zeitversetzt bei PKW, deutlich später anzutreffen waren. Für einen optimalen Gasaustausch und Wärmehaushalt sorgten im einteiligen Zylinderkopf 4 Ventile pro Zylinder, die zur Verschleißreduzierung bei jedem Hub um 3 Grad gedreht wurden. Die Ventilsteuerung erfolgte durch 2 obenliegende Nockenwellen. Diese trieb man durch stählerne Zahnräder auf der Schwungscheibenseite dauerhaft und zuverlässig an. Der Motor leistete zunächst 300 PS bei 2060 U/min. Durch die moderate Leistungsausbeute von lediglich 20,55 PS/l Hubraum war auch ein Ladeluftkühler über die gesamte Produktionszeit überflüssig.

Der Listenpreis dieser Maschine wird bei 300.000 DM gelegen haben, denn zu dieser Zeit gab es den Spruch, dass ein Caterpillar in etwa 1000 DM pro PS kosten würde. Für den Anschaffungspreis eines 988 hätte man also seinerzeit fünf Dreiachskipper mit Allradantrieb bekommen.

Das Pony geht und Logger-Schutzbleche kommen

Bei den ersten Maschinen (01-1349) konnten die Betreiber zwischen einem elektrischen Anlasser mit 24 Volt oder einem Benzin-Startermotor wählen. Dieser Zweizylinder-Motor, von manchen Maschinisten auch Ponymotor genannt, erforderte eigene Baugruppen wie Anlasser, Vergaser, Verteiler, Kraftstofftank, Starterritzel, Auspuffanlage, Verbindungen zum Kühlsystem und nicht zu vergessen, mehrere Gestänge und Bautenzüge. Diese endeten am

Eine Verlängerung des Auspuff-Endrohres lenkte die Abgase seitlich oder nach hinten und reduzierte außerdem den Wassereintritt bei Regen. Unterhalb der CAT 988-Aufkleber befand sich der Umbausatz für die geänderten Logger-Schutzbleche.

Altgedient: Die Abdeckung der Lenksäule trug die Ersatzteilnummer „4D874". Speziell die Sonne hatte diesem, in Originalgröße abgebildeten Exemplar, bereits zugesetzt. Wie viele Umdrehungen mag dieses Logo während der Einsatzzeit gemacht haben?

Die Grafik verdeutlichte, wie man sich bei Caterpillar den optimalen Beladungsablauf mit eigenen Maschinen vorstellte: Eine D9 schob das Material heran und der 988 lud es auf den 769

Hier wird gut erkennbar, wie belastend eine Arbeitsschicht früher sein konnte. Sonne, Staub, Abgasen und einer enormen Geräuschkulisse ausgesetzt, belud der Fahrer des 988 einen SKW nach dem anderen.

Außerordentlich: Durch die abgeschrägten Türen sowie die Belüftungsklappen im Dach war die Herstellung dieses Stahl-Fahrerhauses relativ aufwändig. Leider ist dessen Hersteller unbekannt. Die nicht herunterschwenkbare Leiter am Hydrauliktank war untypisch und deren unterste Sprosse durch Stahlseilstücke flexibel ausgeführt. Unter dem Motor wies der Lader einen mit Hebeösen versehenen 930 kg schweren Zusatzballast auf.

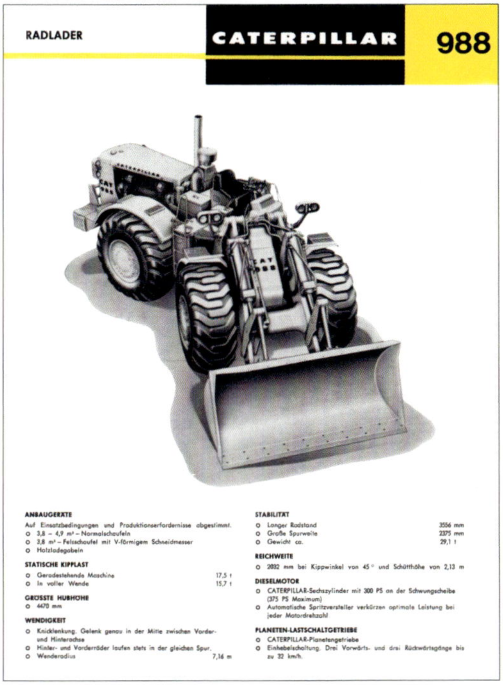

RADLADER

CATERPILLAR **988**

ANBAUGERÄTE
Auf Einsatzbedingungen und Produktionserfordernisse abgestimmt.
- 3,8 – 4,9 m³ – Normalschaufeln
- 3,8 m³ – Felsschaufel mit V-förmigem Schneidmesser
- Holzladegabeln

STATISCHE KIPPLAST
- Geradestehende Maschine 17,5 t
- In voller Wende 15,7 t

GRÖSSTE HUBHÖHE
- 4470 mm

WENDIGKEIT
- Knicklenkung. Gelenk genau in der Mitte zwischen Vorder- und Hinterachse
- Hinter- und Vorderräder laufen stets in der gleichen Spur.
- Wenderadius 7,16 m

STABILITÄT
- Langer Radstand 3556 mm
- Große Spurweite 2375 mm
- Gewicht ca. 29,1 t

REICHWEITE
- 2032 mm bei Kippwinkel von 45° und Schütthöhe von 2,13 m

DIESELMOTOR
- CATERPILLAR-Sechszylinder mit 300 PS an der Schwungscheibe (375 PS Maximum)
- Automatische Spritzversteller verkürzen optimale Leistung bei jeder Motordrehzahl

PLANETEN-LASTSCHALTGETRIEBE
- CATERPILLAR-Planetengetriebe
- Einhebelschaltung. Drei Vorwärts- und drei Rückwärtsgänge bis zu 32 km/h.

Rock Loading Arrangement

CATERPILLAR **988** **Wheel Loader**

300 Flywheel horsepower Cat diesel engine.

Single-lever power shifting with Caterpillar-built planetary-type transmission.

Articulated frame design with hinge point midway between front and rear axles; rear and front wheels track at all times.

Hinge pin height of 15′ 10″ (4826 mm) . . . dumping clearance of 11′ 11″ (3632 mm).

7′ 8″ Reach (2337 mm) @ 7′ (2134 mm) clearance and 45° discharge angle.

Modified "V" edge bucket gives excellent penetration without bucket teeth.

Links: Dieser 988 entsprach optisch – mit Ausnahme der Schutzbleche – fast noch der ersten Maschine. Allerdings hatte man hier inzwischen auch die Leiter temporär mit einer weiteren, fünften Sprosse versehen (2022-2384). Rechts: Mit der für den 988 üblichen Reifengröße 29.5-29 sowie dem Standard-Hubgerüst erreichte der Lader eine Bolzenhöhe von 4500 mm sowie einen Schaufel-Rückkippwinkel am Boden von 37°. Die Felsladeausrüstung erhöhte den Rückkippwinkel auf 42° und die Bolzenhöhe auf 4826 mm. Laut diesem Datenblatt sollte die Maschine über einen Kraftstofftank mit 120 U.S. GAL / 568 l Inhalt verfügen. Als Ersatzteil gab es einen Tank mit derartigem Inhalt jedoch nicht mehr.

Armaturenbrett, das sich relativ lange (-2384) links auf dem Fahrerstand befand, bevor man es dann mittig unter das Lenkrad platzierte. Hatte der Startermotor seine Betriebstemperatur erreicht und das Kühlwasser des Dieselmotors etwas erwärmt, sollte er diesen auch bei tiefsten Temperaturen durchdrehen und so irgendwann aktivieren können. Den Fahrer informierte man in der Anleitung mit 18 Abbildungen darüber, wann und in welcher Reihenfolge die drei Knöpfe und zwei Züge auf dem Armaturenbrett zu betätigen waren. „Merke: Bei laufendem Dieselmotor darf der Ritzelzug NICHT bedient werden", warnte man eindringlich. Bei Maschinen mit Startermotor war die gesamte elektrische Anlage auf 12 Volt ausgelegt, während Lader mit elektrischem Anlasser über ein 24 Volt-System und Glühkerzen verfügten. Bei Temperaturen um minus 18 Grad empfahl man eine „Glühkerzen-Heizdauer" von zwei Minuten sowie die Verwendung der Ätherstarthilfe.

Außer beim Holzladegerät konnte das Bedienpersonal bisher auf dem Boden in Höhe des Lüfters zwischen den Hinterrädern und der Stoßstange stehen. Ab jetzt (1086-Ende) montierte man bei allen 988 die bereits vom Logger bekannten „Fender Groups". Diese benötigten wiederum zwischen Stoßstange und Rädern zwei der zahlreichen „Support Groups", welche hier eine Art Kasten aus Stahlplatten darstellten. Sie dienten als Auflage der bekannten verlängerten und beweglichen hinteren Schutzbleche und wurden fortan ein unverkennbares, charakteristisches Gestaltungsmerkmal des 988. Fahrerstandseitig waren die Kotflügel drehbar gelagert. So konnte das Rad bei Pendelbewegungen der Achse die Schutzbleche einfach anheben. Zudem war es dem Bedienpersonal nun möglich, sicher über drei auf dem Kotflügel montierte, rutschsichere Tritte vom Fahrerstand aus bis zur Stoßstange zu gelangen.

Wetterdach oder Fahrerhaus

Anders als ältere Abbildungen dies irgendwie vermittelten, konnten bereits die ersten 988 mit einem optisch stimmigen, prägnanten, rundum geschlossenen Fahrerhaus versehen werden (01-2384). Die „Cap Group" ermöglichte es auch, die Konstruktion „halb geschlossen" auszuführen. Dann entfielen die Tür, das linke Ausstellfenster, Dichtungen, Scharniere und Schlossfallen. Transparente, aufrollbare „Vorhänge" aus Kunststoff ersetzten die Tür sowie die seitlichen und hinteren Scheiben am „Canopy". Das Fahrerhaus gab es in zwei Varianten. Eine mit einem einzelnen, getönten Dachfenster in Frontscheibenbreite, die zweite mit zwei Dachfenstern. Beide Ausführungen versah man mit nur jeweils einer Tür, die vorne angeschlagen war. Daher fehlten die später üblichen Absturzsicherungen zwischen Fahrerhaus und Plattformen. Diese führte man anfangs (01-530) entweder als Roste oder mit rutschhemmenden Tränenblechen aus. Später montierte man vorübergehend ausschließlich die Roste (531-1307), wechselte aber dann (1309-Ende) wieder auf die Bleche.

Ebenso wie beim 769 bestanden die Bauteile der Fahrerhäuser überwiegend aus glasfaserverstärktem Kunststoff, wobei die Struktur der Matten im Inneren der Kabine teilweise gut erkennbar war. Vielleicht betrachtete man diesen Werkstoff auf Baumaschinen skeptisch. Möglicherweise war das Fahrerhaus auch relativ teuer. Oder es entsprach nicht den hohen Sicherheitsvorschriften einiger Länder, wie etwa Schweden. Importeure von Caterpillar-Baumaschinen boten jedenfalls, ebenso wie beispielsweise der schwedische Zulieferer AB Bröderna Ottosson

Das erste Fahrerhaus des 988. Neben der Kabine selbst wurden einige hier sichtbare Bauteile nur zeitlich begrenzt in dieser Form beibehalten: Die Leiterkinematik (-2021), deren obere Gestänge in Kombination mit dem Hydrauliktankverschluss potentielle Stolperfallen waren, die mehrteiligen Winkelstützen der Lampen (-5627), sowie die Roste an der Fahrerplattform (-1308). Der Hydrauliktank konnte erst später (441-Ende) mit einer vorderen Schutzplatte versehen werden, um die Leitungen zu schützen.

Links: Frischluftfan: Bei hohen Temperaturen hängte man die Fahrerhaus-Tür gelegentlich einfach aus. An der Kabine ließen sich aus dieser Perspektive diverse Rundungen erkennen, die zur Stabilisierung der einzelnen GFK-Bauteile dienten. Der Prospekt war bereits mit dem neuen abstrakten Symbol von Caterpillar versehen, während die Maschine noch das alte CAT-Logo trug. Rechts: Der Schriftzug erschien hier am Horizont, als ob er die Lösung der Rentabilitätsprobleme verkünde: CAT 988.

& Co (Klippan), schon bald eigene Konstruktionen aus Stahlblech an. Zudem bauten Betreiber sogar teilweise selbst Fahrerhäuser. Das original CAT- Fahrerhaus war bereits werkseitig optional mit zusätzlichen Scheinwerfern, einer (Wasser-) Heizung, Defroster-Ventilator und jeweils einem hängendem Scheibenwischer für die Front- sowie der linken Heckscheibe zu komplettieren.

Mehr Saft und Kraft

Als Caterpillar die Produktpalette erweiterte und die Maschinen in immer mehr Ländern eingesetzt wurden, entschied man 1967, ein neues Logo einzuführen (2385-Ende). Das neue, abstrakte Symbol der Handelsmarke sollte dazu dienen, die Bekanntheit von Caterpillar zu erhöhen und die gleiche Identität in allen Sprachräumen der Welt zu präsentieren. Ein CAT 988 war mit insgesamt 34 geklebten Logo-, Firmen-, Typen-, Warn-, und Hinweisschildern versehen, die als „Film" bezeichnet wurden und an genau definierten Stellen angebracht wurden. An zwei kleineren CAT-Kürzeln wollte man noch weiterhin festhalten. Und so sah der Beklebungsplan deren Anbringung links am Kraftstofftank sowie rechts an der Fahrerhausplattform vor.

Zur gleichen Zeit optimierte man die Parkbremse, die sich auch automatisch beim Abfall des Bremskreis-Hydraulikdrucks anlegte. Bisher wirkte eine Trommelbremse auf die Getriebe-Vorgelegewelle. Dies erfolgte nunmehr durch eine deutlich wirksamere Scheibenbremse. 1968 erhöhte man die Motorleistung auf 325 PS, was möglicherweise mit einer geänderten Einspritzpumpe (3093-Ende) zusammenhing. Ab dieser Seriennummer bekamen sämtliche Kraftstofftanks den Inhalt von 490 l.

Mit Ecken und Kanten in die 1970er Jahre

In den 1970er-Jahren drückte man Fortschritt gerne durch ein funktionales, eckiges Design aus. Davon waren Baumaschinen nicht ausgeschlossen. Zudem rückten die Sicherheit sowie der Komfort für die Fahrer mehr in den Focus. Die zeitgleiche Einführung des Dystred-Luftfahrwerks dürfte den Übergang vom Kunststoff- zum Stahlfahrerhaus begünstigt haben. Offensichtlich befürchtete man, dass bei hoher Fahrgeschwindigkeit gelöste und umherfliegende Bodenplatten, Schraubenbolzen oder Stahlwinkel Schäden an Mensch und Maschine verursachen könnten.

Die neue (2385-Ende) Kabine mit den eckigen Rück- und Seitenscheiben sowie den beiden fast nur aus Glas bestehenden Türen ließ sich mit großen Außenspiegeln sowie einer integrierten Heizbelüftungs- oder -Klimaanlage sowie Gummi-Fußmatten ausrüsten. Gleichzeitig war ein hochkant stehender Schalldämpfer optional erhältlich, der die bollernden und fauchenden Auslassgeräusche des Motors sowie das hochfrequente Pfeifen der Turbinenschaufeln dämpfte. Zudem bot man ergänzend eine 4,6 m^3 fassende Ausstoßerschaufel mitsamt deren Umbaugruppen für die werkseitige sowie nachträgliche Installation an. Bei der Ausrüstung im Werk erhielt die Maschine einen Hydrauliktank, dessen innenliegende Komponenten rund zehn Bauteile mehr aufwiesen als der Standard-Tank. Etwas un-

Der 988 mit neuem Logo. Die Abbildung zeigt die inzwischen (2385-Ende) optimierte Leiter-Kinematik.

CATERPILLAR **988** Holzlader

325-PS-Caterpillar-Dieselmotor.

Caterpillar-Planeten-Lastschaltgetriebe mit Einhebelschaltung.

Knicklenkung – Drehpunkt in der Mitte zwischen Vorder- und Hinterachse; die Hinterräder laufen stets in der Spur der Vorderräder.

Gabelbolzenhöhe 4500 mm . . . Abstand Zinkenspitze – Planum 4200 mm . . . maximale Reichweite 3800 mm.

Automatische Gabeleinstellung – Hubendausschaltung und Einstellung des Zinkenwinkels.

Große Zinken: Zur „Logging-Zusammenstellung" gehörte auch eine Gegengewichts-Gruppe. Vier an der Stoßstange verschraubte Gussteile erhöhten das Kontergewicht zunächst um 2876 kg, was später (2385-) auf 3400 kg erhöht wurde. War die Medford-Rundholzgabel der „Forstausrüstung" geöffnet, entstand zwischen den Spitzen der Zinken sowie der Überarme ein Zwischenraum von 3600 mm. Durch den geringeren Reifendurchmesser von 1960 statt 2012 mm erreichte der „Holzlader" nur 32,2 anstelle der üblichen 35,6 km/h Höchstgeschwindigkeit. Die kleineren Räder reduzierten auch die Bolzenhöhe am Hubgerüst auf 4450 statt 4826 mm.

Das moderne und auch erste Stahl-Fahrerhaus für den 988. Bei genauer Betrachtung entdeckte man in Fahrtrichtung links neben dem Lenkrad den Getriebe-Schalthebel.

Die auch nachrüstbare Ausstoßerschaufel wurde nicht durch Kippen, sondern durch einen Schieber entleert, was die zu beladenden Fahrzeuge schonen konnte

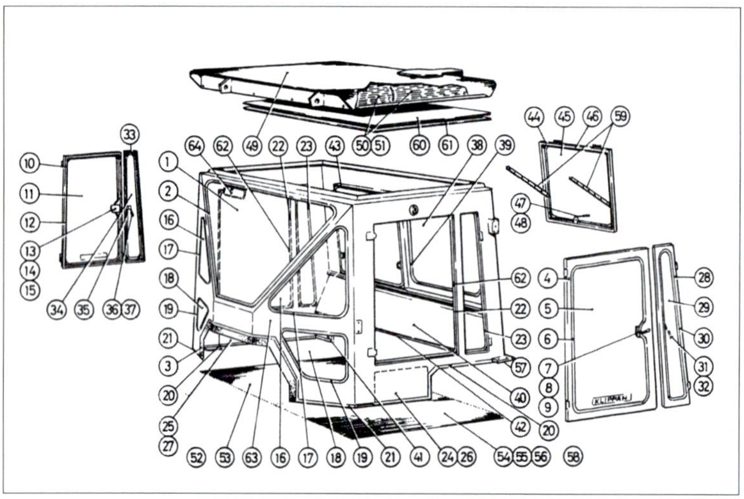

Kleinteilig: An diesem abgebildeten, nachrüstbaren Fahrerhaus von Klippan ließen sich kleinste Einzelteile und Baugruppen ersetzen, wodurch Reparaturen kostengünstig blieben. Dies war auch bei der von den Zeppelin-Metallwerken hergestellten Kabine so, für die man sogar die „Gummirosette unter Türgriff" einzeln beziehen konnte.

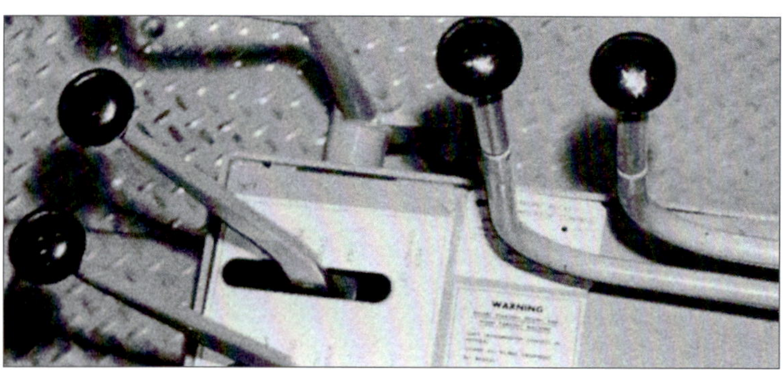

Für welche Ausrüstung mussten an einem 988 neben der Brems- und Lenkanlage fünf weitere Hydraulikkreise bedient werden? War hier etwa die Hydrauliksteuerung eines der seltenen Carry Loader abgebildet?

Der 988 war agil, ausdauernd und somit produktiv. Auch 24-Stunden-Einsätze mit andauernder Ladetätigkeit bewältigte eine halbwegs gewartete Maschine problemlos. Dies war seinerzeit nicht selbstverständlich. So ließen sich beispielsweise Radlader von einigen Mitbewerbern bei derartig extre-men Einsätzen nur noch mit Lederhandschuhen bedienen, weil das Hydrauliköl die Hebel für die Hubarm- und Schaufelsteuerung extrem erhitzten. Dieser CAT hier war mindestens mit zwei insgesamt 508 kg schweren, angeschraubten Zusatzballasten versehen.

Januskömpfig: Die Form des Carry Loaders folgte zwar der Funktion, nahm dem 988 aber die charakteristische Optik

verständlich, denn die Ausstoßerkinematik wurde von den normalen Schaufelkippzylindern bewegt. Die Schaufel wurde über einem SKW geleert, indem sie bis zum Endpunkt auf 0° gekippt wurde. Anschließend fuhren die Kippzylinder weiter aus und die Ejektorplatte schob das Ladegut aus der Schaufel. Die spezielle Kinematik der Ausstoßerschaufel verursachte ein deutliches Mehrgewicht und war für Fels-Ladearbeiten gedacht. Versah man einen 988 mit dieser Schaufel, mit Fahrerhaus und erhöhtem Ballast, dann brachte er über 33 t auf die Waage.

Den „Carry Loader" präsentierte Caterpillar ebenfalls zu dieser Zeit. Um größere Materialmengen aufzunehmen und anschließend über kürzere Entfernungen kostengünstig transportieren zu können, versah man den 988 auch hinten mit einer Schaufel an einem kurzen, speziellen Hubgerüst. Obwohl bereits ein Prospekt zu dieser Maschine existierte, kam diese nicht über den Vorserienstatus hinaus. Auch die Ersatzteilbücher des 988 enthielten keinerlei Hinweise auf den Carry Loader. Wahrscheinlich war eine Ersatzteilversorgung unnötig, da die wenigen Carry Loader nach kurzem Erprobungseinsatz verschrottet wurden, wie E. C. Orlemann ausführte.

Raupenketten auf Kissen

Die Qualität damaliger Reifen war mit aktuellen Fabrikaten nicht ansatzweise vergleichbar, was bei bestimmten Einsatzarten sehr hohe Kosten verursachte. Das Ingenieurbüro von Buster Peterson konzipierte Lösungen zur Optimierung von Baumaschinen, entwickelte die Produkte zur patentierten Serienreife oder verkaufte die Konzepte in unterschiedlichen Entwicklungsstufen

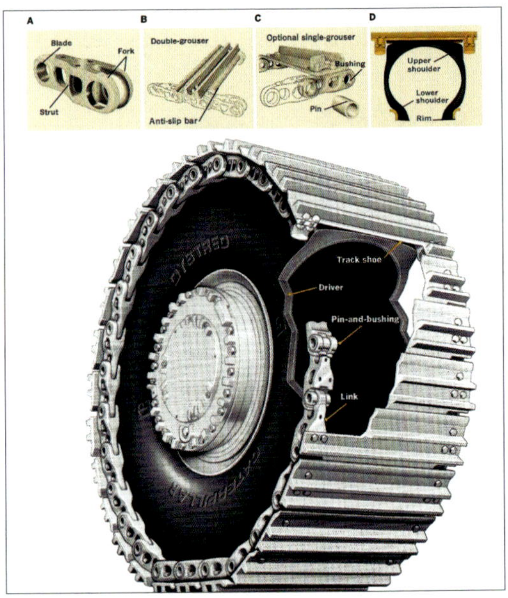

Links: Mit dieser Broschüre informierte die Ammann AG als Caterpillar Importeur in der Schweiz über das Dystred-System. Die abgebildete Maschine ist eine der wenigen, auf deren Tank der vorgesehene CAT-Schriftzug angebracht wurde, so wie es ab der Seriennummer 2385 aufwärts vorgesehen war. Der weiße Helm des Fahrers diente wahrscheinlich mehr dem Sonnen- als Steinschlagschutz. Rechts: Hier läuft´s rund: Die Grafik verdeutlichte anschaulich den Aufbau der Räder, sowie deren Komponenten am Dystred-Raupenfahrwerk. Im Kasten „C" darüber war auch das auf der Einsteg-Bodenplatte verschraubte, massive Stahlgussteil erkennbar, dessen Form an ein Winkeleisen erinnerte.

An der Abbildung ist erkennbar, dass die hinteren Schutzbleche höher montiert und zum Motorraum hin geschlossen waren

Neulinge: Der Fotograf war offensichtlich rechtzeitig vor Ort als dieser 988 und der 769 ihre ersten Einsatzstunden absolvierten. Der Lader-Fahrer nutz-te den Vorteil der Knicklenkung optimal und sparte durch kurze Wege Zeit und Kraftstoff.

an Caterpillar. Um die Traktionsfähigkeit der Baumaschinenreifen zu steigern und deren Verschleiß zu reduzieren, griff Petersons Team eine ältere, bereits von LeTourneau praktizierte Lösung auf. Dort hatte man U-Eisen mit den Öffnungen nach oben quer auf die Laufflächen der Räder befestigt. Caterpillar nannte das neue Radkonzept „Cushion Track Arrangement", frei übersetzt: Kissen-Raupeketten-Zusammenstellung. 1971 hatte sich Caterpillar den Markennamen Dystred in Australien eintragen lassen. Das „Dystred luftgefederte Kettenfahrwerk", wurde nunmehr (2385-) für den 988 angeboten. Die Konstruktion basierte auf einer luftgefüllten, profillosen Karkasse. Faktisch hatte dieser „Treibreifen" keinen direkten Bodenkontakt, denn außen an dessen Schultern verliefen Ketten, die mit 26 Bodenplatten versehen waren. Allerdings beschränkte sich die Dystred-Ausrüstung keineswegs nur auf die Montage der gepanzerten Karkassen. Vielmehr montierte man im Werk andere Achsgehäuse, die auch einen erweiterten Staubschutz der Entlüftungen aufwiesen, Achstragzapfen, Differentiale, Seitenantriebe inklusive Bremsanlagen, aus Vorder- und Hinterteil bestehende Felgen sowie durch Anbauteile deutlich verstärkte Schutzbleche. Die hinteren, verlängerten Schutzbleche befestigte man jetzt zudem starr und auch insgesamt höher. Zur Komplettierung der Ketten bot man 74 cm breite Einstegbodenplatten, oder 79 cm-Zweistegplatten an. Die Einstegplatte verfügte über eine ausreichend freie Fläche zur Montage eines zusätzlichen, in Laufrichtung montierten Stegs, welcher die Seitenführung verbesserte. Dieses Bauteil glich einem massiven Winkeleisen mit Bohrungen. Deren passgenaue Anordnung ermöglichte es, den Zusatzsteg gemeinsam mit der Bodenplatte auf den Kettengliedern zu verschrauben. Der Bodenplatten-Steg überragte den Zusatzsteg dann in der Höhe lediglich minimal. Grundsätzlich war der nachträgliche Umbau von Luftreifen auf ein Kettenfahrwerk einerseits nicht vorgesehen und wäre andererseits auch wirtschaftlich kaum vertretbar gewesen.

Maschinen mit dem Dystred-Kettenfahrwerk, versah man gelegentlich auch mit einem deutlich schwereren Ballast und befüllte zusätzlich die hinteren Karkassen mit insgesamt rund 2.200 kg flüssigem Calciumchlorid zur Erhöhung der vorne auftretenden Kipplast. Auch diese Maßnahmen sowie größere Schaufeln und stetig schwerere Reifen erhöhten über die Produktionsjahre zwangsläufig sukzessive das Einsatzgewicht der Lader mit Ketten- oder Reifenfahrwerk. Während der erste 988 „mit schlauchlosen Nylon-EM-Breitreifen" noch 26,6 t Einsatzgewicht ohne Fahrerhaus aufwies, stemmte 1974 die produktgepflegte, annähernd ausstattungsgleiche Maschine bereits 30,8 t auf die Waage.

Technische Daten der CAT 988 um 1974 mit 4,6 m³-Felsschaufel, schallgedämpftem Überrollschutz-Fahrerhaus sowie CaCl2-Füllung der Hinterräder, Luftbereifung oder DYSTRED

	Luftbereift 29.-29,22 PR (L-5)	Dystred-Einstegplatten
Fahrgeschwindigkeiten (km/h)	1.G:6,1; 2.G:13,2; 3.G:30,6	1.G:5,9; 2.G:12.9; 3.G:23,2
Bodenfreiheit	570 mm	550 mm
Hinterachspendelung	2 x 14°	2 x 10°
Ballast	485 kg	2.930 kg
Breite ohne Schaufel	3.200 mm	3.140 mm
Einsatzgewicht	35.345 kg	34.000 kg

War die Maschine zudem umfangreicher ausgestattet und mit der Dystred-Kette versehen, ergaben sich durch den Einbau geänderter Komponenten noch einmal abweichende, in der Tabelle angeführte Gewichte und Daten.

Kabine mit ROPS und FOPS

Als auf einigen Märkten der Überrollschutz vorgeschrieben wurde, führte man für den 988 die „ROPS-System-Gruppe" (4761-Ende) ein. Deren Basis war ein mit dem Chassis verschraubter Überrollbügel, der durch eine Kabinenbaugruppe ergänzt werden konnte. So entstanden zwei neue, leicht abweichende Fahrerhausvarianten, die sich optisch durch ein Schiebefenster in der Tür sowie die Türgriffe unterschieden. Durch die Radien der Fenster passten die Kabinen nun optisch wieder besser zur Maschine und wirkten zudem massiver. Bis zum Produktionsende verbaute man für den Einsatz in bestimmten Ländern parallel auch das preisgünstigere „1970er-Jahre- Fahrerhaus", das allerdings keine ROPS- und FOPS-Eigenschaft aufwies.

Um das sehr deutlich vernehmbare Arbeitsgeräusch des 988 zu vermindern, bot man (5628-Ende) umfassende Geräuschdämpfungspakete an: Spezielle Bleche für das seitliche Motorgehäuse, für den Bereich um Kühler und Ventilator, dazu Dämpfmatten unter der Haube,

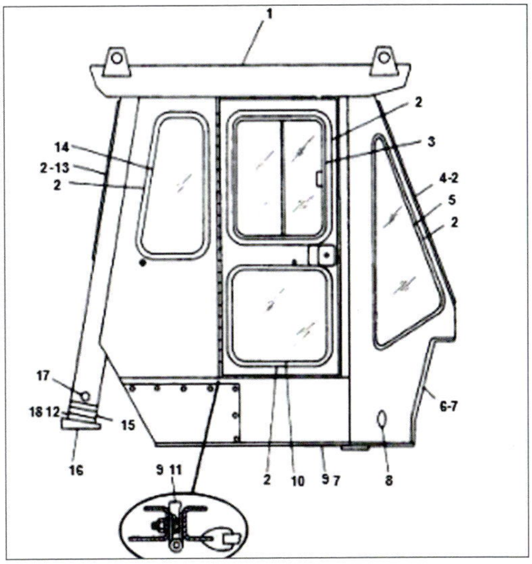

Caterpillar bezeichnete diese neue Kombination aus Überrollbügel und Kabinenwänden als „Roll Over Protective Structure-Type 1"

an den Innenseiten der Kabinen und sämtlichen Oberflächen der Fahrerplattform, inklusive einer unter der Sitzschale befestigten Matte. Die hellbraunen Verkleidungen auf den Oberflächen im Umfeld des Fahrers würden später auch beim Nachfolger 988B (50W) vorhanden sein. Ein stehender Abgasschalldämpfer sowie eine Ölfilter-Gruppe gehörten ebenfalls zum „Noise Suppression Arrangement" welches teilweise auch nachrüstbar war. Mit etwas Glück konnte sich der Fahrer nun auch über einen optional verfüg-

Dieser Lader wirkte zur damaligen Zeit durch das neue Fahrerhaus sowie das Dystred-Kettenfahrwerk bereits relativ modern

Gut geschützt: Neben der ROPS-FOPS-Kabine schützte den Fahrer auch ein Überlauf-Schutz („Guard Assembly") oben an der 4,6 m³-Felsschaufel. Zudem minderte der stehende Abgasschalldämpfer einen Teil der Arbeitsgeräusche. Die Winkelstützen der Lampen gestaltete man inzwischen (5628-Ende) geschwungener und als Rohr.

baren Schwingsitz freuen. Dessen Scherenkinematik war aber durch die beibehaltene signifikante Umrandung des Sitzes nur von vorne erkennbar.

Reifen mit Gürteln

Nachdem das Dystred-System bereits längere Zeit verfügbar war, bot Caterpillar jetzt (6219-Ende) eine Alternative dazu an. Das „Beadless Tire Track Shoe Arrangement" erforderte allerdings werkseitig noch umfassendere Veränderungen als die Dystred-Ausrüstung. Neben deren bereits bekannten Änderungen am Kraftstrang, den Achsen, sowie der Montage luftgefüllter Karkassen, also den „Beadless Tires" (wulstlose Reifen), optimierte man den Vorderwagenrahmen. Dessen Seitenplatten wiesen nunmehr eine deutlich größere Anzahl von Bohrungen auf, in denen sich stabile, schützende, eckig gestaltete Kotflügel sehr haltbar verschrauben ließen. Dieses „Guard Assembly" ließ den Schluss zu, dass Teile eines beschädigten Beadless-Rades ernsthafte Schäden verursachen konnten. Die Karkassen verfügten über mehrere Nuten in Fahrtrichtung zur Führung eines massiven, radbreiten Gummi-Gürtels, der optisch etwa dem eines umlaufenden Förderbandes glich. Der Gürtel trug quer zur Laufrichtung asymmetrisch verschraubte, einteilige, mit zwei Stegen versehene Stahlprofile, von CAT als „Track Shoe" bezeichnet. Durch deren asymmetrische Ausführung waren die Gürtel der jeweils rechten sowie linken Räder unterschiedlich. Diese Konstruktion glich somit optisch wieder etwas der ursprünglichen Grundidee von LeTourneau. Um die Reifenflanken zu schützen, versah man die Dystred-Räder gelegentlich zusätzlich mit Reifenschutzketten. Diese montierte man direkt zwischen der Karkasse und der Dystred-Kette. Bei dem Beadless-Rad war dies nicht möglich, da der Gürtel auf den Ketten keinen Halt gefunden hätte. Daher schützte man dessen Flanke mit der „Karkassen Schutz Gruppe", quasi

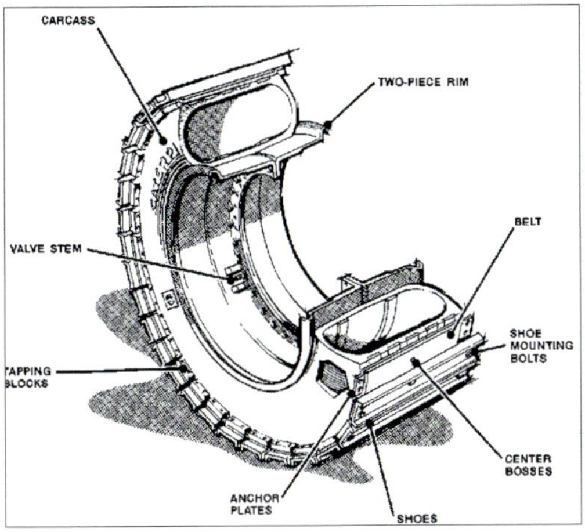

Links: Aufwändig unterwegs: Diese Schnitt-Skizze zeigte den Aufbau sowie die zahlreichen Komponenten des Beadless-Rades. Rechts: Selten: Diese mit dem Beadless Tire Arrangement versehene Maschine verfügte über die eckige, massive, vordere Schutzblech-Gruppe, deren Design später beim 988B übernommen wurde. Der Karkassenschutz war ebenso gut erkennbar wie das in den Double Grouser Shoes haftende Material, welches die Traktion verschlechterte.

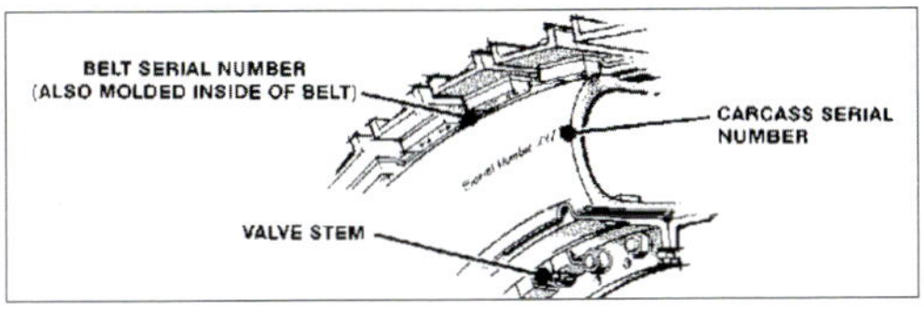

Die Karkasse versah man nicht nur mit der „Caterpillar"- und „Beadless"-Bezeichnung, sondern auch – ebenso wie den Gürtel – mit einer Seriennummer. Rechts: Für die Komplettierung der Gürtel waren zwei unterschiedliche „Track Shoes" vorgesehen. Neben dem „Double Grouser" (Doppelgreifer), gab es den „Clipped". Wie dessen Bezeichnung andeutete, waren die beiden Stege an drei Stellen ausgespart, um die Selbstreinigung des Shoes zu verbessern.

einem Stahlstreifen zwischen Felge und Beadless-Gürtel. Später (6832-Ende) gab es davon drei Ausführungen, von denen zwei für die werkseitige Montage vorgesehen waren.

Leistungsschub durch die Kraftübertragung

Links neben der Lenksäule befand sich das „Getriebeschaltgestänge". Bislang schaltete man die Fahrtrichtung sowie die Getriebestufe in vier horizontal liegenden Gassen, von oben (neutral) bis unten (dritte Stufe). Wollte man in der zweiten Stufe vorwärts fahren, bedeutete dies: Hebel bis zur zweiten Gasse führen und dann nach vorne schieben. Nunmehr (6832-Ende) wählte man die Stufen am drehbaren Handgriff.

Versuchsweise stattete man eine Maschine (6832) mit einem Getriebe aus, dessen Antriebszahnrad im Durchmesser reduziert und der des Ritzels erhöht war. Während sich bei dieser Untersetzung die Felgenzugkraft um 11,7 % gegenüber bisher erhöhte, reduzierten sich die Geschwindigkeiten in allen Gängen um denselben Prozentsatz. Diese Auslegung floss zwar später (6868-9456) temporär in die Serie ein, wurde aber bei den letzten Maschinen (9457-Ende) wieder auf das ursprüngliche Verhältnis zurückgeführt. Caterpillar ermöglichte aber durch die „Torque Converter Control Group“ noch eine weitere Möglichkeit zur Steigerung der Vorschubkraft. Dabei erhöhte der Fahrer mit einem Hebel, der über einen Bowdenzug auf das modifizierte Steuerventil des Wandlers einwirkte, dessen Arbeitsdruck. Aus verständlichen Gründen musste der Hebel gehalten werden und rastete nicht ein, was die ausschließlich temporäre Drucksteigerung sicherstellen sollte. Es war wohl angedacht, diese Funktion alternativ über einen Fußschalter elektrisch durchzuführen, was aber wahrscheinlich wegen der Ablösung durch den 988B nicht mehr realisiert wurde. War die Maschine für den Einsatz in sehr großen Höhen vorgesehen, sorgte ein modifizierter Wandler auch dort für adäquate Vortriebsleistungen.

Bisher verbaute man optional einen stehenden Abgasschalldämpfer. Nunmehr (8470-Ende) war optional ein längerer, schlanker, auf der Haube liegend befestigter Schalldämpfer verfügbar. Dessen Auslass rückte weiter in Hecknähe, wodurch die Abgase und Geräusche weiter entfernt als bisher vom Fahrer austraten.

Verwendete Literatur:
Caterpillar Inc.: „The Caterpillar Story 1984“; „Parts Book (1-5)“; „Performance Handbook Edition 12“; „Lubrication & Maintenance Guide 1974“; Diverse techn. Beschreibungen, sowie: „Caterpillar D9-D9R“ Wilk/Peyer; „Caterpillar Chronik“ Orlemann.
Dank an Ulf Böge für die Idee, sowie seiner Suche im „Archiv des Schreckens“ nach brauchbaren Abbildungen. Dank auch an die Zeppelin-Metallwerke in München.

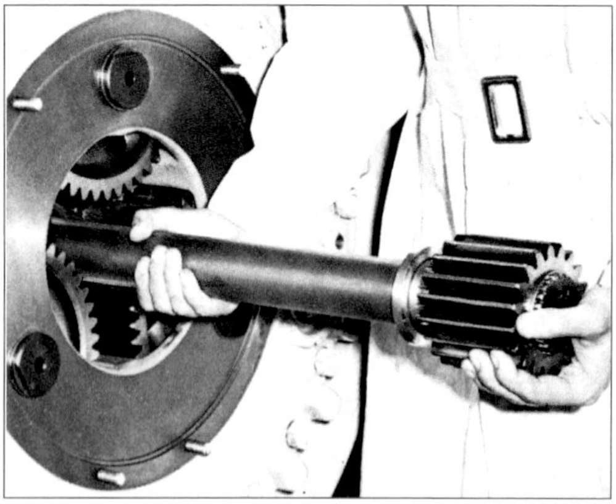

Was mit dem flüssigen Kraftstoff im Tank begann, endete hier nach vielen Prozessen, Transformationen und Stationen als Vortriebsenergie im Außenplanetengetriebe. Das von der aktuell gezogenen Steckachse eingeleitete Drehmoment wurde ein weiteres Mal durch die Planetenräder und dann endgültig durch deren Übertragung auf das Außenplanetenrad gesteigert.

Auf dieser Maschine war das Zeppelin-Fahrerhaus „Type 11.60954/1 ...“ verbaut, das keine ROPS und FOPS-Eigenschaften aufwies. Massive Aufnahmen im Bereich der vorderen Lampenhalterungen deuteten aber auf einen demontierten Steinschlagschutz hin, der das Fahrerhaus auch bei vollem Lenkeinschlag schützte. Eine derartige Konstruktion wurde ebenso wenig von CAT angeboten wie die Puppe. Sie war wohl das Maskottchen, von uns war sie nicht. Obwohl ihre Mutter in der Nähe stand, hatte Esther Volkwein im Sommer 1979 sicherheitshalber in den „Fluchtmodus“ geschaltet. Hinter ihr stand eine D9G (66A), was die Situation nicht entspannte.

Wilhelm und Jakob Weissbecker

Abbruchbaustellen in München

1969 bis 1971

Unsere Berichte über historische Baumaschinen wollen wir nun fortsetzen und uns den Abbruchbaustellen in München zuwenden. Vorausgeschickt sei, dass wir zu dieser Zeit als Schüler noch keine gute Fotoausrüstung (Spiegelreflexkamera) hatten und daher die Bildqualität nicht so gut ist wie in anderen Berichten. Auch sind die Aufnahmen weitgehend in Schwarz-Weiß. Dennoch glauben wir, dass die Fotos sehr interessante Einblicke auf damals verwendete Maschinen, LKW und die Verhältnisse geben, wie vor Ort gearbeitet wurde.

Abbrucharbeiten waren normalerweise noch die Domäne der Seilbagger. Diese waren ausgerüstet mit Greifer, teilweise auch mit der Abbruchbirne zum Zusammenschlagen der Bausubstanz und zum Zerstampfen von Betonwänden, Decken und Fundamenten. Sie wurden später oft zum Betrieb mit Schleppschaufelausrüstung umgerüstet. Dafür musste das Schließseil des Greifers aus der Trommel ausgefädelt werden, das Zugseil der Schleppschaufel in die Rollen des Auslegers eingefädelt und dann an der Trommel verankert werden. Wir haben dies einige Male beobachtet. Geschickte Maschinisten konnten diesen Prozess in ca. 45 Minuten durchführen. Kein Vergleich mit dem heutigen Werkzeugwechsel an einem Hydraulikbagger, der Dank des vollautomatischen z. B. Likufix Systems

in einer Minute erledigt ist. Da wir in der Nähe des Stadtrandes wohnten, waren die meis-ten Baustellen der Abbruch von älteren Einfamilien oder kleinen Mehrfamilienhäusern aus den Baujahren zwischen 1900 und 1950. Auf den geräumten Grundstücken wurden anschließend Mehrfamilienhäuser mit Flachdächern im Stil der 1970er Jahre gebaut.

Größere Abbruchmaßnahmen in der Stadt sahen wir in der Umgebung unserer Schule oder auf dem Schulweg. Es handelte sich oft um alte Wohn- und Geschäftshäuser, häufig mit früheren Kriegsschäden, oder auch um Fabrikgebäude.

Es kamen aber nicht nur Seilbagger zum Einsatz. Vielerorts wurden Kettenlader eingesetzt. Auch Radlader fanden Anwendung, zu Beginn der 1970er Jahre dann sogar erste Hydraulikbagger (Firma Seidl, Firma Graf, Firma Trinkl KG).

Bei Laderaupen oder Radladern wurde öfters mit Seil gearbeitet. Das Seil wurde z. B. um Teile des Dachstuhls geschlungen und dann an der Kupplung der Laderaupe befestigt. Danach zog diese die entsprechenden Teile herunter. Es ging recht „hemdsärmelig" zu auf den Baustellen. Das Vorbereiten der Objekte durch das Ausbauen von Fenstern, Installationen oder Ähnlichem gab es damals nicht. Sortiert wurde nach Stahl, Wasserleitungen, Heizkörpern und konstruktivem Holz. Alles Übrige wurde mit dem restlichen Bauschutt geladen und auf die Deponie, z. B. bei Firma Glück in Planegg gefahren und dort abgekippt. Heute würde es dafür Begleitscheine benötigen, in denen die Unbedenklichkeit bezüglich des Vorhandenseins von Schadstoffen bescheinigt wird. Bauholz, das damals gerne von Mietern mit Holzöfen mittels Leiterwagen von der Baustelle geholt wurde, ist heute grundsätzlich Schadstoffklasse 4. Recycling von Baustoffen war generell unbekannt.

Auch das heute übliche Bewässern zum Binden von Staub beim Abbruchvorgang fand meist nicht statt, und wenn doch, dann mit einem Gartenschlauch, sodass die Nachbarschaft auch einen Teil des Staubs mit abbekam. Aber es waren ausreichend Arbeiter da, um die Holz- und sonstigen Metallteile herauszusondern – eine anstrengende körperliche Tätigkeit.

Bauzäune gab es seinerzeit meist nicht, sodass wir Schüler und andere Passanten einen freien Blick auf die tätigen Maschinen und die Mannschaft hatten. Geladen wurde oftmals auf der Straße. Dabei fiel eine Menge Material daneben, weswegen immer wieder Arbeiter den Dreck mit der Schaufel zusammenkratzen und mit Muskelkraft auf den LKW entsorgen mussten. Abends wurde dann mit dem Besen gekehrt, damit es einigermaßen sauber war.

Am Wochenende waren die Baustellen frei zugänglich und wir konnten in Ruhe die Maschinen besichtigen und auch fotografieren. Welch ein Unterschied zu heute! Vor ein paar Jahren wollte ich mir einen Bagger der Firma Rädlinger an der Baustelle der A 92 bei Dorfen anschauen. Es dauerte nicht lange und schon kam ein Auto der Security. Ich wurde gefragt, was ich hier wolle. Den Bagger anschauen und fotografieren, natürlich, ich wäre schon auf vielen Baustellen gewesen, könne mich durchaus dort bewegen und passe auf. Ja, das sei sehr gefährlich und nicht erlaubt und ich möchte doch bitte die Baustelle sofort verlassen, war die Antwort.

Die Kellerwände und Betonfundamente der kleineren Gebäude waren oft unbewehrt. Dennoch war es für Laderaupen und Radlader eine herausfordernde Aufgabe, diese herauszubrechen, zu zerkleinern und zum Verladen herzurichten. Die Maschinen wurden dabei extrem beansprucht, wie wir noch sehen werden.

Bei den größeren Gebäuden gab es natürlich Bewehrung. Diese zu zerkleinern, was oft den Schneidbrenner erforderte, war extrem harte Arbeit für Geräte, Maschinisten und Hilfsarbeiter.

Firma Niessner (Trojan, Menck Mb)

Wir starten mit einer Abbruchbaustelle in der Innenstadt, wo genau sie war, das können wir nicht mehr sagen. Das Niederreißen des Gebäudes war schon erledigt; den Schutt geladen hatte ein Starrrahmen Radlader der Marke Trojan des US Herstellers Trojan Industries, damals ein Teil der Yale Material Handling Corporation. Das Hauptprodukt von Yale waren jedoch Flurförderfahrzeuge (Gabelstapler). Dennoch wurde unter der Marke Trojan ein gut gestuftes Programm an Radladern angeboten, das bis zur 50 t Klasse (Trojan 8000) reichte. 1982 wurde der Unternehmensbereich von Faun übernommen.

Leider können wir den Typ der Maschine und die Leistungsdaten nicht mehr angeben, da sich kaum Informationen finden lassen. Jedoch beachte man bei diesem Typ die ganz ausgefallene Kinematik an der Ladeschaufelausrüstung! Firma Niessner war eine in München bekannte Firma für die Ausführung von Abbrüchen und Erdbewegungen. Sie hatte in ihrem Maschinenpark Menck Bagger; unter anderem den hier gezeigten Menck Mb. Dieser hatte ein Einsatzgewicht von 44 t und wurde von einem Motor angetrieben mit 107 PS. Abgebrochen wurde ein mehrgeschossiges Wohngebäude.

Firma Niessner hatte einen Fuhrpark der Marke Magirus mit Zwei- und Dreiachsern, teilweise mit Hänger. Es gibt noch heute eine Firma Niessner, die von einem Verwandten aus dem Familienstamm weitergeführt wird. Diese hat sich auf Entkernungsarbeiten im Innenbereich zur Totalsanierung von Bestandsgebäuden spezialisiert. Gebäudeabbrüche werden keine mehr durchgeführt.

Trojan Starrahmenradlader

Menck Mb, unten: eine Flotte von Magirus Kippern

Firma Walter Mause, Mailing (Ingolstadt)

Eine weitere Abbruchbaustelle fanden wir im Stadtteil Solln. Es handelte sich um ein klassisches Einfamilienhaus, das hier einer neuen Wohnanlage weichen musste. Die Abbruchfirma war die Firma Walter Mause Industrieabbrüche – Erdbewegung aus Mailing. Diese Firma setzte Radlader und Laderaupen der Marke Allis-Chalmers ein. Die hier arbeitende Laderaupe war ein nicht alltäglich zu findendes Gerät, eher ein Exot: es handelte sich um das Modell HD 12 G. Als Zusatzgerät gab es den Radlader 545.

Laderaupe Allis-Chalmers HD 12 G, die auf dem Bild unten einen Magirus Kipper belädt

Laderaupe Allis-Chalmers HD 12 G

Die HD 12 G Laderaupe wurde von Allis-Chalmers aufgrund des großen Erfolgs der Laderaupe 7 G im Jahr 1966 entwickelt; in diesem Jahr kam ein Prototyp für Tests zum Einsatz. 1967 stellte Allis - Chalmers das Modell auf der CONEXPO offiziell vor. Die Laderaupe hatte Pedallenkung. Kühler und Ölkühler waren hinten angebracht, damit sie schweren Abbrucheinsätzen gerecht werden konnten. Das Gewicht war 22 t, die Schaufel fasste gehäuft 2,5 cbm. Die Ausbrechkraft am Schaufelzahn war 16 t. Der 6 Zylinder Motor hatte 185 PS und trieb die Raupe über ein Powershift Getriebe an. Wettbewerber waren Caterpillar 977 K, International 250 C, Komatsu D 75 S sowie in Deutschland die Marke Büffel mit der BL 200.

1971 gab es dann noch eine Weiterentwicklung zur HD 12 G – B mit 195 PS. Zudem wurde eine spezielle Abbruchversion mit verstärkten Bodenblechen und Seitenteilen angeboten. Mitte der 1970 er Jahre ließ dann das Interesse der Erdbaufirmen an der Beschaffung von Laderaupen nach, wahrscheinlich auch deshalb, weil immer leistungsfähigere Hydraulikbagger auf den Markt kamen.

Für uns war dieses Modell HD 12 G damals eine Rarität.

HD 12 G beim Ausbrechen der Kellerwände

ALLIS-CHALMERS

ALLIS-CHALMERS

Firma Putz, München

Eine weitere, bedeutende Firma für Erdbewegung und Abbrucharbeiten war die Firma Putz. Sie setzte bereits Ende der 1960er Jahre Großgeräte ein. Die Aushubarbeiten für einen Büropark der Firma Siemens an der Boschetsrieder Straße wurden mit einem Cat 988 Radlader durchgeführt. In diesem Buch stellen wir die Geräte Laderaupe Komatsu D 75 S, Cat 977 H und Radlader Frisch F 1800 vor.

Laderaupe Komatsu D 75 S

Die Laderaupe D 75 S war eine große Laderaupe mit 21,1 t Gewicht, Schaufelinhalt 2,2 cbm, Ausbrechkraft 17 t und einem Motor mit 200 PS. Sie wurde in der Version D 75 S 5 bis in die 1990er Jahre von Komatsu angeboten. In München gab es zwischen 1969 und 1971 mindestens drei Stück im Einsatz bei den Firmen Putz, Kopriwa und Seidl. Natürlich fehlte auf der Raupe der Firma Putz nicht der Aufkleber „Komatsu ist nicht aufzuhalten".

Putz hatte einen großen Fuhrpark, setzte ebenfalls gerne die Kipper von Magirus ein, hatte davon sogar welche mit Steinbruchmulde.

Komatsu Laderaupe D 75 S belädt einen Magirus Kipper, unten beim Wurzelstockroden

Abtrag von Oberboden

Zwischendurch wurde auch Kies benötigt

Laderaupe Caterpillar 977 H

Auf einer anderen Abbruchbaustelle war die Laderaupe Caterpillar 977 H eingesetzt, die zu den größeren Modellen ihrer Gattung gehörte. Dieses Modell wurde ab 1960 gefertigt, wog ca. 17 t, hatte einen turbogeladenen Motor mit 150 PS und Powershiftgetriebe. Ab 1964 wurde die Pedallenkung eingeführt. Ende 1966 wurde sie durch das Nachfolgemodell 977 K abgelöst.

Caterpillar 977 H bei Zusammenschieben des Schutts

Das Alteisen wird komprimiert

Radlader Frisch 1800

Auf wieder einer anderen Abbruchbaustelle war ein ziemlich neuer knickgelenkter Radlader der Firma Eisenwerke Gebrüder Frisch KG, Typ Frisch 1800 im Einsatz. Dieser Radlader wurde 1967 der Fachwelt vorgestellt. Er hatte eine Schaufel mit 2,5 cbm Inhalt und wurde von einem Deutz Motor mit 180 PS angetrieben. Zur Firma Frisch möchte ich auf den sehr informativen Fachartikel von Herrn Ulf Böge, Jahrbuch Baumaschinen 2020, verweisen.

Ich selbst hatte als Oberstufenschüler einen guten Kontakt zur Firma Eisenwerke Gebr. Frisch aufbauen können. Herr Gerstenberg von der Abteilung Verkaufsförderung war mein Ansprechpartner. Ich wurde sogar zu einer Besichtigung des Werkes in Kissing eingeladen, einschließlich Brotzeit in der Kantine.

Jedenfalls war der Radlader 1800 ein kommerzieller Erfolg und auf etlichen Baustellen anzutreffen.

Firma Putz war eine der größten Erdbaufirmen in München mit dem Betriebsgelände in Sendling. Hier konnten wir schon etwas sehen, was heute mit Corporate Identity bezeichnet wird: auf den Maschinen große Firmenaufkleber oder sogar Tafeln. Die Mitarbeiter trugen Arbeitskleidung mit dem Aufnäher: Putz.

Später fanden wir keine Baustellen mehr, bei der die Firma Putz Abbruch- oder Aushubarbeiten ausgeführt hätte.

Es staubt: Frisch 1800 mit Bauschutt

Laden und Verladen von Mauerwerk

In raschem Takt erfolgen die Ladespiele

Der Fahrer von der Firma Putz trägt Arbeitskleidung mit der Aufschrift „Putz". Das war damals in der Baubranche eine Rarität!

Frischer Bauschutt: Der wurde auch auf die Kippe gefahren

Radlader IH 65 Hough

Auf einer Abbruch-, und Aushubbaustelle in der Nähe des Sollner Bahnhofs wurde ein IHC H 65 eingesetzt. Ein Einfamilienhaus war abzubrechen und eine Baugrube auszuheben, und das bei sehr beengten Grundstücksverhältnissen. Hier möchte ich kurz ausholen und etwas zur Geschichte von IH ausführen, die faszinierend ist.

Firma IH, (International Harvester Company) hatte in den 1950er Jahren den Radladerhersteller Hough übernommen und dabei den Namen des Firmengründers in der Produktbezeichnung erhalten. IH war ein amerikanischer Konzern, der ursprünglich seinen Schwerpunkt in der Herstellung von landwirtschaftlicher Ausrüstung und Traktorenfertigung hatte und aus dem Zusammenschluss verschiedener Produzenten dieser Gattung entstand. Es wurden aber auch PKW und LKW hergestellt, später auch Baumaschinen. Schon früh gab es eine Nieder lassung und Produktionsstätte in Neuss in Deutschland. Der Bereich Baumaschinen war breit aufgestellt mit dem Angebot von Muldenkippern (Pay Hauler), Scrapern (Payscraper), Lade-, und Planierraupen und später auch Raddozern sowie Radladern durch die Übernahme von Hough. In letzterem Segment gehörte der 65 H zu den kleineren Exemplaren. Die Produktionsreihe ging weiter zum 90 H (18 t, 236 PS), 120 H (26 t, 300 PS) und den großen 400 H (52 t, 502 PS), ab 1975 zu dem noch größeren 580 (131 t, 1090 PS). Ein Teil der Radlader wurde im Werk in Heidelberg hergestellt und mit dem Gütesiegel „Made in Germany" vertrieben. 1982 wurde die Baumaschinensparte an Dresser Industries verkauft, wurde später ein Teil des Unternehmens Stalowa Wola in der gleichnamigen Stadt in Polen und landete zum Schluss bei den Chinesen. Die wesentlichen Teile des Produktionsprogramms – Radlader und Planierraupen – werden heute noch hergestellt. Die Landmaschinensparte wurde 1985 an Case Tenneco abgegeben (heute Fiat Industrial).

Der knickgelenkte Radlader 65 H wog 11,2 t, hatte eine Schaufel mit 2,0 cbm und wurde von einem Motor mit 136 PS angetrieben. Die Radlader von IH hatten als eine der Wenigen die Fahrerkabine auf dem Vorderteil der Maschine.

Auf dieser Baustelle musste der 65 H Schwerstarbeit verrichten, insbesondere beim Ausbrechen der Kellerwände und Fundamente. Riesige Betonbrocken fielen an, die dann mit Hinunterstürzen zu zerkleinern versucht wurden, so gut es ging. Diese wurden später auf die LKW verladen. Wunderbar das Bild, das den Henschel 2-Achser zeigt, wie er auf Gehsteig und Fahrbahn steht und beladen wird. Ebenso ein wartender Mercedes LAK 329. Zuerst kam eine Schaufel Kies zum „Dämpfen" auf die Ladefläche, dann wurden Betonteile abgelegt, zuletzt wieder etwas Kies, um ein Verrutschen während der Fahrt zu verhindern. Die Bilder zeigen den Kampf des Radladers mit den schweren Betonteilen!

Mein Bruder schickte die Aufnahmen von dieser Baustelle nach Heidelberg an die Niederlassung von IH, dort wurden sie begeistert angenommen und für die Firmenzeitung „IH Informationen" verwendet. Unter dem Titel: „Gut aufgepasst" wurden sie, zusammen mit einem Bild meines Bruders, abgedruckt.

Der IH 65 Hough Payloader, auf dem Bild unten lädt er einen Henschel Zug auf der Straße

Hier waren schwere Betonfundamente auszubrechen. Rechts ein Mercedes-Benz LAK 329 mit Hänger

PAY LOADER 65
SW 283

65 PAY LOADER

Die enge Baugrube forderte die Manövrierfähigkeit des Knicklenkers heraus

Menck M 90

Auf einer Abbruchbaustelle der Firma Bachmeier wurde dieser moderne Menck M 90 eingesetzt. Er arbeitet hier mit Greifer.

Der M 90 war ein Universalbagger der neueren Generation, wog 26 bis 28 t und wurde von einem Deutz Motor mit 115 PS angetrieben. Ausgerüstet werden konnte er am Gittermastausleger mit einem Schürfkübel bis 1,25 cbm oder einem Universalgreifer mit 0,75 cbm Inhalt. Eine Tieflöffelausrüstung war ebenfalls erhältlich.

Firma Bachmeier hatte einen sehr modernen Maschinenpark mit Menck Baggern und Radladern von Allis – Chalmers; hier die Typen 645 und später 745.

Menck M 90 und MAN Dreiachskipper

Menck M 90 beim Ausheben von Fundamenten

Poclain GC 120

Aber das Zeitalter der Hydraulikbagger war bereits angebrochen. Einer der ersten Anwender des damals führenden französischen Herstellers Poclain war die Firma Seidl KG aus Straßlach. Sie hatte bereits gute Erfahrungen mit einem Modell LC 80 von Poclain gemacht, nun war das größere Modell GC 120 angeschafft worden. Wir entdeckten dies anlässlich unserer Klavierstunden bei Fräulein Schuh im Ortsteil Großhesselohe. Die GC 120, wie das Poclain Modell damals bezeichnet wurde, gehörte der 21 t Klasse an und war angetrieben von einem 6 Zylinder Deutz Motor mit 108 PS. Der Tieflöffel fasste 1,10 cbm. Der Bagger wurde erstmals 1964 vorgestellt. 1968 bekam er im Zuge einer Modellpflege die Kabine der HC 300. Das Modell wurde auch mit Ladeschaufel für den Einsatz in Steinbrüchen und Kiesgruben produziert.

Hier war der Bagger mit dem typischen Poclain Monobloc Ausleger, Standard-Arm und Tieflöffel ausgerüstet. Beim Ausbau des Kellers wurden große Betonteile durch Draufschlagen mit dem Tieflöffel zerkleinert.

Der Fahrer des GC 120 fiel uns durch einige Besonderheiten auf: Er war Pfeifenraucher, hatte seine Pfeife oft im Mund und ging virtuos mit der Steuerung der verschiedenen Hebel um. Zudem war ihm ein gepflegtes Arbeitsgerät sehr wichtig. Dieses musste sauber sein, was bedeutete, dass er jedes Mal die Schuhe nach dem Einsteigen wechselte und eventuelle Dreckkrümel sofort mit einem Besen entfernte.

Poclain GC 120 lädt Mercedes-Benz 334

Poclain GC 120 beim Verladen von Bauschutt

Der Poclain GC 120 zertrümmert die Betonwände

Beton-, Ziegel- und Holzreste werden aufgeladen

Der gehäufte Tieflöffel
fasst mehr als 1,1 cbm

Max Scholz

Jungle Cats

Planierraupen im Rodungseinsatz

Der Pioniereinsatz mit schweren Planierraupen strahlt etwas Archaisches und Zerstörerisches aus – und doch hat der Rodungseinsatz mit Baumaschinenklassikern wie der CAT D8H oder D9G eine faszinierende Seite, die einen schnell in seinen Bann zieht.

Darüber hinaus ist ihr Einsatz ein sehr umstrittenes Thema: Jüngst haben die UN-Experten einen Bericht veröffentlicht, dass über 1.000.000 Baum- und Pflanzenarten in den nächsten Jahren und Jahrzehnten akut vom Aussterben bedroht sind. Neben der genannten Klimaerwärmung kommen einem da schnell die Urwälder dieser Erde in den Sinn, die nach wie vor von massivem Kahlschlag und von Brandrodung bedroht sind. Folgt nun ein begeisterter Bericht über Technik, mit der der Mensch seine eigene Lebensgrundlage vernichtet?

So mag man aus der westlichen Welt mit all ihren Konsumgütern und bester Versorgung schnell urteilen. Die wenigsten von uns haben sich über die Lage in Entwicklungsländern vor Ort ein Bild machen können. Dort fällt auf, dass die meisten der dort lebenden Menschen am absoluten Existenzminimum ein Dasein fristen, das von größter Not zeugt. Es fehlt an Arbeit, an Infrastruktur, bezahlbarer Bildung, medizinischer Grundversorgung und eigener Industrie. Eine zynische Situation, wenn man bedenkt., dass Afrika eigentlich sehr reich ist: 30 Prozent aller Bodenschätze weltweit liegen dort, es gibt viel fruchtbares Land, von allen Kontinenten lebt dort die jüngste Bevölkerung. Und dennoch: Vorhandene Rohstoffe wie Tropenholz werden zu billigsten Preisen in Industrieländer verkauft, um überhaupt irgendein Einkommen zu haben.

Interessanter ist, dass der größte Verlust an Tropenwaldfläche nicht der Rodung mit Maschinen, sondern der schlecht kontrollierbaren Brandordnung zuzuordnen ist. Das Perfide an der Situation von Entwicklungsländern wie beispielsweise Kamerun ist: Nur die wenigsten Menschen könne ein gesichertes Einkommen von 200 bis 300 Euro im Monat vorweisen. Und obwohl Kamerun ein in großen Teilen sehr fruchtbares Land ist, sind die Preise für Lebens-

Wie die Axt im Walde? Wenn schwere Raupenschlepper anrücken, um mit Spezialausrüstungen gerüstet ganze Wälder umzulegen, dann wirken brachialische Kräfte. Das Ganze ist faszinierend und bedenkenlich zugleich.

Allein auf weiter Flur! Vor der Naturkulisse wirken mächtige Bulldozer wie diese Cat D9D mit 320 PS irgendwie klein. Viele Rodungseinsätze erfolgen eben fernab jeglicher Zivilisation.

mittel in etwa so hoch wie bei uns – das schlecht ausgebaute Straßensystem macht durch die Transportkosten Lebensmittel für viele Menschen dort unerschwinglich. Eine wünschenswerte Verbesserung der dortigen Lebensumstände ist am Ende nur durch sinnvollen, wohl bemessenen Maschineneinsatz zu erreichen. Von allen umweltpolitischen Diskussionen abgesehen, bleibt das maschinelle Roden des Urwalds vor allem eines:ein spannender und faszinierender Einsatz von schweren Baumaschinen. Und darum soll es in diesem Artikel gehen.

So brachial es auch wirkt: Diese Einsätze dienen oft dazu, Landwirtschaft zu betreiben und damit eine Lebensgrundlage für viele Menschen zu schaffen. Das erscheint besonders in Entwicklungsländern dringlich.

Eines der weltweit bekanntesten Wörter für eine Erdbaumaschine ist der Ausdruck Bulldozer. Das deutsche Wort Planierraupe steht für schier unbändige Kraft, Geländegängigkeit, Zuverlässigkeit. Das Wort Bulldozer hingegen lässt an faszinierende Einsätze und geballte Maschinenkraft denken, wie etwa das Reißen vom Fels im Steinbruch. Wieder andere verbinden mit dem Wort Bulldozer die flächenhaften Rodung und Zerstörung von Urwäldern. Und das nicht zu Unrecht! Am liebsten würden sie die Bulldozer demolieren, anzünden oder zumindest in Ketten legen.

Wie erstaunt würden manche Menschen schauen, wenn genau das geschehen würde. Tonnenschwere Ankerketten, über 100 m lang, werden an die Zughaken am Heck der Raupen befestigt. Um die extremen Zugkräfte der Raupenschlepper wissend, ist dem nicht genug. Oft befestigt man in der Mitte der Kette noch riesige, bis zu 5 t schwere Stahlkugeln. Es drängt sich gerade zu das Bild des in Ketten gelegten Verbrechers mit der Stahlkugel am Bein auf.

Die Bulldozer sind damit jedoch nicht zur Tatenlosigkeit verdammt – jetzt geht es erst richtig los mit dem Landroden. In Zweierteams ziehen die Planierraupen davon, ausgestattet mit schweren Schutzhäusern und Baumschuppsern. Der Großteil der Rodungsarbeit wird jedoch nicht von den Planierschildern vor den Raupen, sondern tatsächlich von der schweren Ankerkette hinter den Schleppern verrichtet. In Europa kennen wir solche Methoden nicht, in der "alten Welt" sind riesige Waldflächen rar.

Anders schaut es in den weiten Flächen Afrikas, Asiens, Amerikas, vor allem aber Australiens aus. Hier wird dieses für uns Europäer etwas eigenartiges Verhalten unter Farmern als etwas ganz Alltägliches betrachtet. Die beschriebene Technik ist hier seit den 40er Jahren bekannt, man nennt es "Scrub Pulling". "Scrub" bezeichnet Gestrüpp, "pulling" bedeutet Ziehen oder Schleppen.

Kurz nach dem Zweiten Weltkrieg war die Versorgungslage mit Lebensmitteln weltweit überaus angespannt. Selbst auf der Gewinnerseite waren Nationen wie Großbritannien oder die Sowjetunion mit Hungersnöten konfrontiert – von der desolaten Lage im besiegten Deutschland ganz zu schweigen. Wie attraktiv erschienen da wohl die weiten Waldflächen in den fruchtbaren Teilen von Südamerika, Afrika und Australien? Es musste etwas geschehen, und zwar im großen Stil.

Die Flächen in Australien etwa sind für uns schwer vorstellbar. Die Größte Rinderfarm dort erreicht die Fläche von 23.000 km^2(!) – das entspricht der Größe Mecklenburg-Vorpommerns. Arbeitskräfte sind eben rar und die Frage "Wie rodet ein Mann möglichst viel Land pro

Welch rohen Kräfte beim „Scrub Pulling" wirken können, zeigt diese Aufnahme, die bei Rodungsarbeiten in Neu Rhodesien (Afrika) entstand

Stunde?" nimmt ganz andere Dimensionen an als in Deutschland.

Generell gilt die Landwirtschaft als eines der ersten Felder der Mechanisierung. Im späten 19. Jahrhundert aufkommende Dampftraktoren boten mit über 20 t Gewicht und anfangs um die 100 PS bis dahin unbekannte Zugkräfte. Für den einzelnen Farmer aber waren sie oft zu teuer und alles andere als geländegängig. Spätere, kompaktere Radschlepper mit Benzin- und dann Dieselmotor machten mechanisierte Zugmittel auch für den Landwirt erschwinglich. Jedoch versagen diese Traktoren kläglich, wenn der Kraftschluss der Antriebsräder überschritten wird – wie etwa bei dem Versuch, mit schierer Zugkraft einen Baum umzuziehen. Vielleicht neigt sich der Baum etwas, doch schnell fängt ein solcher Traktor an, unter der schweren Last zu hüpfen oder sich einzugraben. Sinnvoller Maschineneinsatz sieht anders aus, es musste eine neue Lösung gefunden werden.

Diese tat sich in der seit den späten 30er Jahren immer mehr verwendeten Planierraupen auf. Baumaschinen-Professor Günter Kühn beschreibt in seinem Standardwerk "der gleislose Erdbau" 1956, warum das so ist: "Die Planierraupe ist als "Mädchen für alles" heute von keiner

Erdbaustelle mehr wegzudenken, (...)mit Querschild findet (sie) Verwendung für grobe Arbeiten, bei denen hohe Schubkräfte erforderlich sind: Zum Zerreißen, Zerstören oder Beseitigen von natürlichen oder künstlichen Hindernissen (Bewuchs, Bauten),... Besonders nützlich sind Planierraupen für den Pioniereinsatz, d. h. für Arbeiten im unwegsamen Gelände (Urwald) ... Ihre kurze Baulänge und die große Zug- bzw. Schubkraft sind hier besonders vorteilhaft ... Je dichter der Bewuchs, umso größer und stärker muss die Raupe sein. Raupen mit 130 und mehr PS sind in der Lage, Bäume bis zu 75cm Stammdurchmesser umzulegen."

Ein Raupenschlepper bietet mehr als das dreifache Gewicht in Bezug auf Motorleistung als ein Radschlepper. Gleichzeitig bieten ihre Raupenketten eine vielfach größere Auflagefläche und einen geringeren Bodendruck. Verbunden mit den Stegen auf den Bodenplatte ergibt sich über eine große Fläche optimale Verzahnung mit dem Untergrund.

Raupenfahrwerke sind viel flacher gebaut als die Riesenreifen PS-starker Großschlepper. Dies bietet einen niedrigen Schwerpunkt und damit gute Geländegängigkeit. Bei Wendemanövern können Raupenschlepper auf der Stelle wenden - auch hier kommt kein Radschlepper mit. Trotz des hohen Gewichtes bieten Planierraupen jedoch höhere Fahrgeschwindigkeiten als etwa Hydraulikbagger. Eine wichtige Voraussetzung für das Roden riesiger Flächen.

Unter allen Raupenschleppern gilt bis heute die Cat D9G als legendär. Ihre ausgewogene Konstruktion verbindet Gewicht, Motorleistung, Schubkraft und Zuverlässigkeit derart gekonnt, dass man auch heute noch 50 Jahre alte D9G-Dozer im Baustelleneinsatz finden kann. Wie herausfordernd das Roden von Bäumen sein kann, weiß D9G-Pilot und Zeppelin-Vorführfahrer Alfred Hof zu berichten.:

"Mit vergrößertem U-Schild, Kelley-Aufreißer, Zusatzpanzerung und den schweren Felsketten kam meine D9 auf fast 50 t. Als Fahrerhaus diente die bekannte Zeppelin-Kabine. Beim Bau der Stadtautobahn um München herum hatte ich die Aufgabe, eine alte Allee zu roden. Die Straßenbäume waren alten Ulmen, über 30 m hoch, mit sehr tiefen Wurzeln. Beim Roden nehme ich das Schild am Anfang nicht ganz hoch, um später dem Baum noch einen extra Schuppser geben zu können. Was haben diese Bäume ausgehalten! Trotz der 50 t hat es pro Baum eine gute halbe Stunde gedauert. Die D9 hat sich tief in das Stra-

Schon zwei eher kompakt wirkende CAT D6 9U mit etwa 96 PS können die gefährliche Arbeit vieler Holzfäller an einem Tag erledigen

Wenn schwere Planierraupen Bäume umstoßen, kann dies für den Fahrer und Maschine sehr schnell gefährlich werden. Maschinen ohne jegliche Schutzausrüstung sollten daher risikoarme Arbeiten wie dem Stubbenroden überlassen werden. Dieser FLECO Pull Stumper kann an dem U-Rahmen einer D7 mit Schwenkschild montiert werden

Soll eine standardmäßige Planierraupe einen großen Baum umlegen, so bringt das einigen Aufwand mit sich: Mit Schild und Aufreißer werden Baumwurzeln durchtrenn und U-förmig ein Graben um den Baum gezogen. Der Aushub dient dann zum Bau einer Rampe, um höher ansetzen zu können. Aber Vorsicht! Wenn der Baum kippt, kommen die Wurzeln hoch – und dann sitzt die Raupe fest

ßenbett gewühlt. So tief, dass hinter der Raupe die Wurzeln des gegenüber liegenden Baums hoch kamen."

Die Rodung von Urwaldflächen ist besonders gefährliche Schwerstarbeit. 60 m hohe Bäume verlangen nicht nur größte Schubkräfte - sie stellen natürlich auch eine immense Bedrohung dar. Bricht in 30-40 m Höhe ein tonnenschwerer Ast ab, ist seine Einschlagkraft am Boden infernalisch. Aber auch die Äste in Bodenhöhe können Führerhäuser problemlos durchbohren. Sümpfe, extreme Hitze und Luftfeuchtigkeit, Myriaden von Insekten und geringe Sichtweite erschweren die Arbeit zusätzlich.

Das so einfach erscheinende Umlegen eines Baumriesen ist gefährlicher als man zunächst denkt. Drückt man mit einer Raupe einen Baum um, so neigt sich dieser anfangs. Der Raupenfahrer setzt nach, die Raupe schiebt sich den Stamm hoch. Nun kommt der Punkt, dass der Baum von alleine kippt – jetzt muss die Raupe schnellstens zurücksetzen. Andernfalls hebt der aus dem Boden kommende Wurzelteller die Raupe und ihr Fahrwerk von der Erde ab. Ähnliches kann passieren, wenn man Stämme und Äste bereits gefällter Baumriesen ungeschickt überfährt. Denn mit frei hängenden Ketten gibt es weder vor noch zurück und die Raupe sitzt fest ...

Diese CAT D9D war früher im deutschsprachigen Raum eingesetzt, nun steht sie nahe der kamerunischen Hauptstadt Jaunde für Rodungsarbeiten bereit. Sie erhielt ein komplett überholtes Laufwerk und einen Schutzaufbau von Rome Plows

Die Reißzähne des CAT Nr.9 Aufreißers wurden verlängert und das Seilschild auf Hydraulik umgebaut. Mit 38 Tonnen und 320 PS eine sehr schlagkräftige Maschine

Wir sehen, das Roden von Urwaldflächen ist so anders als der gewöhnliche Einsatz von Kettendozern hier in Zentraleuropa. In den anderen Teilen der Welt aber wurden die Raupen mit großer Begeisterung für Rodungsarbeiten verwendet. Durch Sonderausrüstungen wie Ankerketten, Schutzhäuser, Spezialschilde und Stoßzähnen wandelten sie sich mehr und mehr zu speziellen Rodungsmaschinen.

Als eine der ersten Sonderausrüstung wurde tatsächlich die für uns so verwunderlich wirkende Ankerkette verwendet. Zwischen 1946 und 1951 betrieb die britische Regierung in Ostafrika das Entwicklungsprojekt "Tanganyika Groundnut Scheme". Direkt nach dem 2. Weltkrieg waren Nahrungsmittel knapp und die Landwirtschaft am Boden zerstört, es herrschte vielerorts Notlage - nicht nur in Deutschland. Für die immense Summe von 1,67 Milliarden Euro sollten 13.200 km^2 Dornbuschsavanne gerodet werden. Über dieses Gestrüpp scherzten die Einheimischen: "Es gibt nur zwei Tiere, die da durchkommen: Die Schlange und das Nashorn. Alles andere bleibt stecken."

So entschied man sich, Caterpillar Pionierraupen gebraucht aus Beständen der US-Army zu erwerben. Später kamen auch von Vickers Armstrong eigens mit Sherman-Panzerbauteilen konstruierte Raupenschlepper, die "Shervicks", zum Einsatz. Zwar ist der dortige Lateritboden hart wie Beton, doch die Bulldozer hatten mehr als genug Kraft, die Sträucher zu roden. Bei jedem Arbeitsgang jedoch nur auf der Breite des Schildes – viel Schubkraft schien verschwendet.

Man entschied sich daher, bei der Kolonialverwaltung in London schwere, geschmiedete Ankerketten zu ordern, um die Kraft zweier Raupen optimal auf einer breiten Fläche einzusetzen. In London aber hielt man die Bestellung zunächst für einen Irrtum – was sollte man in der Savanne auch mit Ankerketten anstellen?

Drei Monate später kamen die Ketten endlich in Tanganjika an, die Methode funktioniert wie vorgestellt. Das Tanganyika Groundnut Scheme endete dennoch in einem Desaster. Die Flächenleistung beim Roden blieb weit hinter dem Gefordertem zurück. Der Lateritboden erwies sich zwar als ausreichend fruchtbar - jedoch die Erdnüsse aus dem betonharten Boden zu ernten, brachte mehr Probleme als Nutzen. Immerhin eine gute Anekdote, die man auch im Commonwealth gerne erzählt hat. Ob die Idee mit der Ankerkette wohl auf diese Art nach Australien gelang?

Der Gedanke, störende Vegetation einfach niederzuwalzen, ist auf dem fünften Kontinent nichts neues. Auf historischen Fotos sieht man schwere Baumstämme und gebrauchte Dampfkessel, die – womit auch immer – über das Gestrüpp geschleppt werden. Raupenschlepper und Ankerkette stellen somit die verbesserte Version einer lang bekannten Methode dar.

Die auch als "Chaining" bekannte Arbeitsweise ist in Australien etwas alltägliches. Es ergibt sich folgendes Bild: Schon aus mehreren Kilometern Entfernung nimmt man über der Grassteppe Australiens eine rotbraune Staubwolke

Schon früh erkannten die Baumaschinenhersteller den Nutzen ihrer Raupenschlepper für Landgewinnungsaufgaben und schalteten gezielte Anzeigen, um diese dafür zu bewerben – wie Allis Chalmers etwa, mit dieser Illustration

Hydraulische Scheren kennen wir eigentlich nur von Abbruchbaggern, aber an Raupenschleppern...? Das ist gar keine schlechte Idee, denn so kann eine kompakte Cat D4...

... einen Baum umlegen, der eigentlich schon zu groß für sie ist. Solch eine Ausrüstung ist bei selektiver Fällung ideal

Dieser „Tree Roller" zerhackt durch seine Messer beim Überfahren ganze Äste und Stämme. Die Bäume bilden eine Art Matte, die schneller trocknet und dann kontrolliert abgebrannt werden kann. Die Asche wird dann untergepflügt

wahr. Wenn man sich nähert, sieht man ausgerissene Sträucher und gefällte Bäume, deren Stämme exakt alle in die gleiche Richtung zeigen. Es nähern sich zwei Cat D9G, unter ihren Stahlhäusern für uns kaum noch als solche zu erkennen. Parallel, in einem Abstand von 100 m, rollen sie an uns vorbei. An ihrem Heck kann man diese schwere Ankerketten gerade noch erkennen – passieren tut aber erst einmal gar nichts.

Doch sind die Raupen etwa 50 m weiter gerollt, so scheint ein kräftiger Windhauch durchs Steppengras zu fahren. Plötzlich kippen 25 m und 30 cm starke hohe Bäume um wie vom Blitz getroffen. Nur hier und da taucht die Kette auf, die all das auslöst. Es ist erstaunlich, wie weit unten am Stamm sie bereits ihre umwerfende Wirkung entfaltet.

Scrub Pulling wird am besten in der Winter- oder Regenzeit ausgeführt. Einerseits bietet regennasse Vegetation einen viel geringeren Gleitwiderstand als trocken. Andererseits ziehen die stürzenden Bäume im aufgeweichten Boden ihre Wurzeln gleich mit aus der Erde, man erspart sich das spätere Stockroden.

Auf Fotos aus den 50er-60er Jahren erkennt man auch immer wieder einen bis zu 3 m, aus Kesselblech gefertigten Ball, den sogenannten "Hi-Ball". Mit einer durchgehenden Achse und zwei Schäkeln sollte er den Zugwiderstand der Kette herabsetzen und gleichzeitig einen höheren Ansatzpunkt am Stamm bieten. Während sich in Amerika dieser Ball bewährt hat, findet man in Australien diese Bälle nur noch als Museumsstück: Es stellte sich heraus, das mit dem Hi-Ball die Stämme oft einfach abbrachen und Wurzelballen und Stumpen dann extra Arbeit machten. Und auch das Verladen und Transportieren dieser Riesenkugeln bereitete einiges an Kopfzerbrechen.

Scrub Pulling ist wahre Team-Arbeit. Man muss sich wortlos verstehen, Absprachen über

Funk bringen wenig. Manche Fahrer binden hohe Stöcke mit Fahnen an die Schutzhäuser, um seinen Kollegen wenigsten einen Anhalt geben zu können, wo im Dickicht man selber gerade steckt. Am besten beobachtet man die Spannung auf der Ankerkette, so erkennt man, ob man zu weit vorne oder hinten liegt.

Gleichzeitig muss man jedoch auch Äste achten, die sich immer wieder wie ein Rammspeer durch Schutzgitter stechen wollen. Auch kleinere Zweige und Blätter machen Sorgen – sammeln sie sich in der Nähe von Turbolader und Auspuffkrümmer an, ist ein Motorbrand vorprogrammiert. Oder sie verstopfen den Kühler und führen zur Überhitzung des Motors. Und selbst die besten Schutzhäuser helfen wenig bei wütenden Bienenschwärmen, Giftschlangen, Spinnen und anderen ungebetenen Fahrgästen. Selbst putzig wirkende Papageien entwickeln in der Angst eine Bisskraft, die einer Kneifzange ähnelt.

Bei Einsätzen im Waldgebiet fährt die äußere Raupe am Rand entlang, die innere schneidet sich eine entsprechende Gasse durch das Dikkicht. Die äußere Raupe erreicht in der Regel zuerst das Ende des Waldstückes und wartet auf ihren Kollegen. Bricht dieser hervor, macht sich die äußere Raupe auf diese Stelle zu, die innere zieht weiter. Dann werden die Bulldozer gewendet, das nächste Arbeitsspiel beginnt. Es kann erforderlich sein, dabei die Ankerkette zu überfahren. Dies darf nur im rechten Winkel und ohne Lenkmanöver geschehen. Klemmt sich die Ankerkette zwischen den Bodenplatten ein, sprengt es diese ab oder es kommt zum Schaden im Endantrieb.

Die besten Ergebnisse erziehlt man beim Scrub Pulling übrigens, wenn man einen Raupenschlepper mit Drehmomentwander und Lastschaltgetriebe mit einem weiteren kombiniert, der über eine Mehrscheiben-Kupplung und mechanischem Schaltgetriebe (Direktantrieb) verfügt. Ein Wandler reicht für beide Raupen aus, das sie ja über eine Ankerkette verbunden sind. Der Direktantrieb im anderen Kettendozer sorgt dann für höchste Zugkräfte, da kein Schlupf durch einen weitren, unnötigen Wandler aufkommt. Die Raupe mit Lastschaltgetriebe und Wandler fährt am besten auf der Innenseite durch den Wald – aber nur, wenn sie gleich groß oder größer ist als jene mit Direktantrieb.

Trotz aller widriger Umstände sind die erbrachten Flächenleistungen enorm: Bei einem Einsatz zogen 2 Cat D8H (270 PS) eine 180 m lange, 2 Zolle starke Ankerkette in einem Abstand von 120 m und einem Gewicht von 12 t. Pro 12 h-Schicht wurden so 485 Hektar stark bewachsener Steppe gerodet. Kommt man in dichte Waldstücke, so verringern die Raupen ihren Abstand – das gezogene „U“ der Ankerkette wird schmaler, man erhält mehr Zugkraft pro Baum und hat einen größeren Abstand zu den Urwaldriesen. Zwei D9E (335 PS) hatten die Kraft, eine 3 Zoll starke Kette mit einem Gewicht von 12 t in einem Abstand von 15 m durch den Urwald zu schleppen und Bäume von 90 cm umzuziehen.

Um die Fahrer und Maschinen zu schützen, ersann man robuste Schutzdächer. Zunächst als krude Anordnung aus Stahlträgern gefertigt, wandelten sie sich bald zu ausgefeilten Konstruktionen:

Am Schlepper werden verstärkte Aufnahmepunkte für einen massiven Rohrrahmen angeschweißt. Der Rahmen erhält ein gebogenes Stahlblech als Dach, ideal ist eine stromlinienförmige Ausführung. Sie bietet auch im dichtesten Urwald querstehenden Ästen wenig Widerstand. Der Kühler und auch der Unterbodenschutz werden mit bis zu einem Zoll dicken Blechen verstärkt, das "Heavy Timber Canopy" allseitig mit schweren Stahlgittern versehen. Daher nennt

Eine frühe CAT D8H mit 235 PS und seilbetägtigtem „Rome Plow". Es verfügt über eine scharfe Schneidkante über die gesamte Breite sowie einem Spaltdorn vorne links

man sie scherzhaft auch "Canary Cages" (Vogelkäfige). Raffinierte Wartungsklappen und Türen bieten Zugang zu einer derartigen "Raupe in Ritterrüstung". Im Extremfall wird noch vorne an der Fahrerplattform, innerhalb des Schutzhauses, quer ein Schutzgitter eingezogen. Dies fängt Äste ab, die sich zwischen Laufwerk und Chassis lanzengleich hoch stoßen und den Fahrer schwer verletzen können. Und was beim Ritter die Lanze ist, ist bei der Planierraupe der "Tree Puscher": Der Baumschuppser in Form eines großen A-Baums erhält Aufnahmen auf den Schubarmen des Schildes und wird nach vorne über dieses gelegt. Nun kann man Jagd auf Bäume machen, die der Ankerkette alleine zu viel Arbeit machen. Der Baum wird jedoch nur etwas geneigt – fällt er bereits ganz, verfängt sich ja die folgende Ankerkette im Wurzelballen. Gewisse Bäume nennt man in Australien "Witwenmacher", da sie urplötzlich aus großer Höhe massive Äste abwerfen. Aber mit einem bis zu 10 m langen Baumschuppser kann man ausreichend Abstand halten. Ein großer Vorteil ist natürlich auch der viel höhere Ansatzpunkt. Die Tree Pusher tricksen hierbei den Baum aus – denn je größer der Widerstand des Baumes ist, desto größer ist der Druck, den er auf die Schildarme und damit auf das Fahrwerk ausübt. Dies wiederum steigert die verfügbare Traktion. Ein Stoßzahn am Kopf des Tree Pushers verhindert ein Abrutschen am Stamm.

Wie sieht es mit weiterer Ausrüstung aus? Einem Funkgerät etwa? Da wird bei unseren Dschungelraupen gerne die Philosophie gefolgt: Was nicht das ist, kann auch nicht kaputt gehen. Immerhin arbeitet man weit draußen, fernab von Werkstätten und Ersatzteilen, die oft mit einem Buchflugzeug eingeflogen werden müssen. Ein Einsatz von Funkgeräten mag sinnvoll erscheinen – doch diese waren in Zeiten vor dem Digitalzeitalter klobig und empfindlich und gingen schnell zu Bruch. Die Schläge und Vibrationen beim Urwaldroden können dermaßen stark sein, dass selbst Scheinwerfer nicht lange mitmachen.

Ein findiger Bauunternehmer aus Australien wollte jedoch auch in der Dämmerung arbeiten und versuchte, etwa ausreichend stabil anmutende Scheinwerfer aus dem Schiffsbau verwenden – es misslang. Die Lösung kam mal wieder mit dem Buschflugzeug. Jedoch nicht als Ersatzteil, nein, am Fahrwerk von Buschflugzeugen befinden sich Landelichter. Diese sind federnd aufgehängt, um die ruppigen Starts und Landungen zu überstehen. Das hat dann auch bei den Raupenschleppern funktioniert, geschützt durch schwere Gitter natürlich. Einige Raupen werden auch mit Schweißgeräten ausgestattet, um etwa gebrochene Ankerketten zu reparieren. Doch generell handelt es sich dabei um Ausnahmen.

Es bleibt noch ein ernstes Problem: Motorbrände. In der Panzerwanne unterhalb des Dieselmotors sammeln sich schnell Zweige und Blätter, hinzu tropft dann noch das Öl. Wenn jetzt ein Zweig am Turbolader Feuer fängt und in die Wanne fällt, hat man schnell einen Maschinenbrand und einen Totalverlust der Maschine. Einige Bauunternehmen rüsten deshalb ihre Kettendozer mit Wassertanks unterhalb des Schutzdaches nach, um im Notfall die Wanne einfach fluten zu können. Hersteller von Forstausrüstungen wie FLECO erkannten dies und hatten eigene Feuerlöschsystem im Angebot. Eine sinnvolle Investition, denn soweit draußen gibt es keine Feuerwehr.

Wenn es Rüstung und Lanze gibt, gibt es dann für Planierraupen auch ein Schwert? Das gibt es, es schneidet und wurde sogar vielfach im Krieg eingesetzt. Wer jemals Lateinunterricht erleben musste, der erinnert sich jetzt vielleicht daran, dass bereits im Römischen Heer mindestens soviel gegraben wie gekämpft wurde. Gemeint sind hier jedoch die Rodeschilde der Firma Rome Plow Company aus Georgia.

Bereits in den 50er Jahren ersann die Rome Company ein auf dem Schwenkschild basierendes Schneidschild für Bulldozer, indem unten am Schild eine Stahlschneide angebracht wurde. Am vorspringenden Ende befestigte man einen Rammdorn, den "Stinger", der dem Kopf eines Spalthammers gleicht. Durch geschicktes Lenken bewegt der Fahrer die Raupe so, dass die Stahlklinge im ziehenden Schnitt den Stamm durchtrennt. Eine auf dem Schild angebrachte

Will man mit ausreichend stabil anmutenden Kettendozern im Urwald arbeiten, so sind nochmals zahlreiche Schutzelement anzubauen. Die Rome Plow Corporation entwarf umfassende Sets, inklusive massiven Schutzhaus mit Astabweisern, schwerem Schutzgitter für den Kühler und Panzerungen für Luftansauger und Hydraulikleitungen

Viele Raupen im Pioniereinsatz weisen schwere Heckseilwinden auf, wie an dieser D9G „Rome Plow". Weniger zum Stämme rücken, sondern um sich oder andere im Notfall bergen zu können

Querstange stößt dann den Baum um, bis zu 90 cm dicke Stämme werden so in einem Zug gefällt. Ist der Stamm zu dick, kommt der Stinger zum Einsatz: Die Raupe stößt in den Stamm und stoppt dann die außen liegende Kette. Beim Wenden spaltet und bricht sie den Stamm nach außen auf – so oft, bis der Baum doch fällt. Stinger und Klinge müssen täglich mit dem Winkelschleifer geschärft werden.

Weite Verbreitung fanden die Rome Plows besonders im Vietnamkrieg an Allis-Chalmers HD16 und Cat D7 Raupen, teilweise auch D9G eingesetzt. Die "Rome Plows" getauften Maschinen erwiesen sich weitgehend immun gegen Minenfelder und MG-Nester. Das kam nicht von ungefähr, die Raupenschlepper wurden intensiv auf den Urwaldeinsatz in den Wäldern von Vietnam vorbereitet:

Rome entwickelte eine ganze Serie an schweren Schutzhäusern mit stromlinienförmigen Astabweisern über der Motorhaube. Auch an einen schweren Kühlergrillschutz und eine gepanzerte Haube für den Luftansauger wurde gedacht. Die bis heute erhältlichen Schutzkäfige sind in den Größen D6 – D9 lieferbar.

Auch hier wurde in Verbindung mit den Rome Plows die Ankerkette verwendet. Wurde zum Beispiel eine Straße gebaut, war ein einzelner Rome Plow bereits so effektiv, dass ihm zwei Planierraupen für die Erdarbeiten folgen mussten. Eine D7E konnte am Tag etwa 100 m x 400 im Dschungel roden, also 40.000 m^2. Eine D9G

Die Nahrungsmittelknappheit nach dem 2. Weltkrieg war weltweit sehr hoch. So entschloss man sich in Groß Britannien dazu, ein gewaltiges Erdnuss-Anbaugebiet in Tansania in Angriff zu nehmen. Als Raupenschlepper dienten die sogenannten „SHERVICK", die bei Vickers Armstrong aus Bauteilen des Sherman Panzers gebaut wurden

Diese Cat D9G stellt die Königsklasse der Dschungelraupen dar: Ihre Arbeitsausrüstung ist „Heavy Duty" und Spezialanfertigung. Nicht nur das überaus massive Schutzhaus, sonder auch der extrem schwere Roderechen. Das leicht stromlinienförmige „Timber Canopy" bietet im australischen Dschungel den Ästen am wenigsten Angriffsfläche

kam auf das dreifache, rund 120.000 m^2 pro Tag wurden mit einer solchen Dschungel-Raupe gerodet, vier solcher D9-Raupen waren im testweisen Einsatz. Allzu oft waren diese D9G-Raupen beim Roden derart schnell, dass selbst die motorisierte Infanterie Probleme hatte, zu folgen und den notwendigen Feuerschutz zu bieten. Die Größe D7 hingegen hat sich schnell bewährt.

Natürlich ist auch dieser bewaffnete Konflikt bis heute sehr umstritten – es hat sich aber immerhin auch gezeigt, dass die gerodeten Flächen von der einheimischen Bevölkerung schnellstens zum Ackerbau genutzt wurden.

Nun ist es mit dem alleinigen Roden von Waldflächen in den Tropenländern noch lange nicht getan. Dort gibt es folgendes Problem: Auf dem Lateritboden sitzt eine etwa 30 cm mächtige, sehr fruchtbare Schicht aus Mutterboden. Diese wird normalerweise vom Wurzelwerk der Urwaldbäume an Ort und Stelle gehalten. Doch diese haben wir ja bereits entfernt. Kommt nun der nächste Monsunregen, schwemmt er den Mutterboden einfach weg. Schulterzuckend zündet der Farmer einfach das nächste Stück des ihm unendlich erscheinenden Regenwaldes an. Und so geht Stück für Stück einzigartigen Lebensraumes in Flammen auf. Die landwirtschaftlichen Siedlungen ziehen einfach hinterher, ohne Kanalisation, ohne Müllabfuhr, ohne Krankenhäuser oder Schulen. Eine Katastrophe für Mensch und Umwelt.

Das geht auch anders. Im Asiatischen Regenwald wurde erfolgreich nachhaltig Ackerland gewonnen – und zwar ausgehend von Japan mit Hilfe der Schürfraupe: Nachdem Roden entfernte man mit diesen vielseitigen Maschinen den Mutterboden und brachte ihn auf Halde. Hier glänzt die Schürfraupe, da sie getrennt Boden schürfen kann und ihn dann im Kübel über andere Bodenarten trägt, ohne diese dabei zu vermischen.

Dann schaute man sich den Untergrund an und modellierte ihn nach den Anforderungen der nachhaltigen Landwirtschaft. Es wurde das Gelände planiert, um mit Maschinen Ackerbau betreiben zu können. Es wurden Fangdämme und Drainagegräben gezogen, um den Mutterboden an Ort und Stelle zu halten. Hinzu kamen Auffangbecken für Regen sowie Bewässerungskanäle sowie Feldwege und Straßen. Dabei ersetzt eine Schürfraupe 4-5 andere Maschinen, was besonders im Bereich der Entwicklungshilfe

Man sagt, es gibt kaum eine Arbeit, bei der sich Raupenfahrer so gut kennenlernen, wie beim „Scrub Pulling" mit schweren Ankerketten. Besonders der Fahrer der größeren Raupe muss auf die kleinere Maschine gut Aufpassen, um an dieser Laufwerksschäden etc. zu vermeiden

In der offenen Steppe kann man seinen Kollegen ja noch gut sehen – aber was tun, wenn es dichter wird? Da hilft es, die Spannung auf der Ankerkette zu beobachten. Manche Scrub Pulling Teams binden auch lange Stangen mit Fahnen an die Stützen ihrer „Canary Cages"

Der in Australien sogenannte Hi Ball sollte eigentlich den Widerstand der Schleppketten herabsetzen. Aber es stellte sich heraus, dass er oft die Stämme Bäume abbrach. So musste man extra die Stubben roden. Da diese 2,5m Stahlbälle auch sehr umständlich zu transportieren waren, kamen sie ab den 1960ern außer Mode

ein interessantes Argument für diese Maschine ist. Man kann derart brachiale Rodungstechnik mit romantischen Pioniergeist oder einfach als Baumaschinenfan betrachten – Fakt ist jedoch auch, dass ein übermäßiger Einsatz einen gefährlichen Eingriff in die Ökosysteme unseres Planeten bedeutet. Oder anders gesagt: Ein Großteil der Australischen Waldflächen etwa ist bereits gerodet. Dort sind rund 43 % aller Wälder durch Rodung für immer verloren. Über 60 % der küstennahen Feuchtgebiete im Süden und Osten sind zerstört. Fast 90 % der temperaten Savannen und des Mallee wurden gerodet. Im Südosten des Landes gingen 99 % der temperaten Tiefland-Grasländer verloren. Von den australischen Regenwäldern wurden 75 % gerodet.

Anders als nach dem 2. Weltkrieg mit all dem Tatendrang sind wir heute bestens mit Nahrungsmitteln versorgt, da etwa Düngemittel und moderne Landmaschinentechnik die Produktivität der Landwirtschaft enorm steigerten. Durch stark gewachsenes Umweltbewusstsein wurde in Australien der Druck auf Regierung und Landwirtschaft dermaßen groß, dass Landrodung heute nur noch auf Antrag erlaubt ist und durch Luftüberwachung überprüft und gegebenenfalls geahndet wird.

Für die Farmer entstand so der Umstand, mit der bereits gerodeten Land auszukommen zu müssen. Der Großteil der Flächen dient dort als Weideland, nun muss also das Nachwachsen von Sträuchern und Bäumen verhindert werden. Man entwickelte bereits in den 40er Jahren in den USA "Root Plows", die Wurzelpflüge. Ihre tragflächenartigen breiten Schneiden werden abermals von Planierraupen geschleppt. In etwa 50-100 cm Tiefe durchschneiden sie das Wurzelwerk unerwünschter Büsche, diese sterben ab. Am Heck der Wurzelpflüge streuen breite Trommeln gleichzeitig Samen fruchtbarer Futterpflanzen. Den Rest erledigt die Natur.

Viele der altgedienten Rodungs-Raupen dienen nun als Schlepper dieser "Wing Plows". Um die riesigen Weideflächen effizient zu bedienen, ist nun aber neben Zugkraft gleichzeitig auch Fahrgeschwindigkeit gefragt. Auch benötigt es eine gewisse Schnittgeschwindigkeit, um die Wurzeln auch tatsächlich zu durchtrennen. Und da kommen herkömmliche Raupenschlepper schnell an ihre Grenzen.

Dies erkannte auch Don Mearns aus Ipswich, Australien, ein auf Rodungsarbeiten spezialisierter Bauunternehmer. Er kaufte aus dem Bergbau gebrauchte Cat D11 und baute diese aufwendig um. Der ursprüngliche Motor wurde entfernt und der Rahmen dort um 30 cm verlängert. Statt des V8 findet nun ein Cat 3512 V12-Diesel Platz. Dieser würde mit seinen 1300 PS den restlichen Antriebsstrang überfordern. Daher wurde der alte Drehmomentwandler gegen einen aus einem Cat 785C ausgetauscht, inklusive seiner

Wandlerüberbrückung. Das Lastschaltgetriebe blieb erhalten, der erste Gang wurde jedoch gesperrt. Da ein solches Hochleistungsgetriebe viel Hitze erzeugt, erhielt die Raupe einen wenig attraktiven, aber effizienten Zusatzkühler auf dem ROPS-Bügel.

All der Aufwand dient jedoch nicht der Prestigefrage der stärksten Planierraupe der Welt, es war reines Rechenkalkül: Durch eine extra breiten Wing Plow sanken die Kosten pro bearbeiteten Morgen von 20 auf 10 australische Dollar. Und der angehängte Wurzelpflug sucht seinesgleichen: Er bietet bei 70 t Gewicht eine Arbeitsbreite von 12 m. Die Arbeitsgeschwindigkeit von 4-7 km/h rechtfertigen den hohen Umbauaufwand. Einen erheblichen Anteil an den stündlichen Maschinenkosten haben übrigens die austauschbaren Schneidmesser an den Vorderkanten des Flügels, die bei solchen Geschwindigkeiten schnell verschleißen.

Und nun haben wir doch das Beste aus beiden Welten: Es wird die Umwelt geschont UND wir können faszinierende Baumaschinentechnik im Einsatz erleben.

Abschließend noch eine Aussage zu den Bildern dieses Artikels: Es ist gar nicht so einfach, diese aufzutreiben! Denn diese Pioniereinsätze erfolgen meist fernab jeglicher Zivilisation und die einzigen Personen, die Aufnahmen machen können, sind die Fahrer – die aber nicht selten unter erheblichem Zeitdruck arbeiten müssen und nur selten Gelegenheit erhalten, eine Kamera zu bedienen. Und dann steht ja die eigene Maschine auch noch still … Herzlichen Dank an Ad Gevers, Thomas Wilk und Wolf Spahlinger bei der Unterstützung zur Recherche. Sowie Deas Plant und Louis Burns für die vielen Informationen zum Scrub Pulling und weiteren Fotoaufnahmen, gleiches gilt für das International Institute for Tropical Agriculture und der Firma Means Hire aus Australien.

Mitsamt Schutzhaus wiegt diese D9H gut 50 t. Zwischen den Ketten, unterhalb des Aufreißers, ist die schwere Anhängevorrichtung für die Ankerkette sichtbar

Hier eine D8H mit Komplettausstattung im Australischem Dschungel: Mit Schutzhaus, Baumschuppser und Ankerkette sowie Kelley Ripper zum Stubbenziehen gibt es da draußen kaum etwas, was diese Maschine aufhalten kann

Die Aufnahmen der Fiat Allis 21C stammen aus den 1980ern bei einem Versuchseinsatz in Nigeria. Der „Tree Pusher" oberhalb des Roderechens ist von schwerster Bauart

Links: Frühe Schutzhäuser der 40er oder 50er Jahre wie an dieser D9D wiesen noch einen rechteckige Form auf. Später setzte sich die abgerundete Form durch. Interessant ist hier der obere Teil des Flaschenzugs, der am Schutzhaus sitzt – so ist die maximal Hubhöhe des Roderechens gesichert.
Rechts: Man muss schon gut zielen, um mit dem Tree Pusher auch zu treffen. Eine gezahnte Platte am Kopf des Tree Pushers verhindert das Abrutschen der Raupe

Bei uns in Deutschland und Europa nahezu unbekannt, zählt das KG-Shear Blade der Rome Plow Corporation aus Georgia zu einem der weltweit erfolgreichsten Rodungssystem überhaupt. Die KG-Schilder werden derzeit für die Schleppergrößen D6 – D7 – D8 angeboten

Mit 52 Tonnen und 385 PS waren selbst 60m hohe Riesen-Urwaldbäume kein Hindernis mehr für diese Cat D9G „Rome Plow". Aber wehe, wenn sich die Raupe in einem der zahlreichen Bombenkrater des Vietnamkrieges festfuhr!

Ist ein Baum zu dick, um durch das Schermesser durchtrennt zu werden, kommt der Spaltdorn des KG-Shear Blades zum Einsatz, der „Stinger". Man fängt außen am Baum an und arbeitet sich schichtweise durch den Stamm

Um einen Rome Plow einsatzbereit zu halten, müssen Schermesser und Spaltdorn mindestens einmal täglich geschärft werden. Es ist ratsam, sich daher die Arbeit der Raupe einzuteilen: Erst werden alle Bäume gefällt, dann die Stubben gerodet und am Ende Erdarbeiten ausgeführt. Das hält das Nachschärfen auf ein Minimum

Nicht nur das Bergen, auch das Umsetzen der D9G Rome Plows bedeutete viel mehr Aufwand als bei den 30 Tonnen schweren D7 Rome Plows

Hier hatte es sich ein Baum anders überlegt: Anstelle auf dem Arbeitsfeld liegen zu bleiben, fuhr er eben per Anhalter auf der D9G mit

Der Bedarf an der Nutzbarhaltung der bestehenden Weideflächen ist in Australien derart hoch, das Unternehmer Don Mearns gleich mehrere dieser Wurzelpflugzüge baute. Die auf 1.250 PS gesteigerte Antriebsleistung erfordert ein voluminöse Zusatzkühlsystem

Hier gut erkennbar, die elektrisch betriebenen Saattrommeln, die gleichzeitig die gewünschten Nutzpflanzen aussähen

Und das gehört auch dazu: eine D11 komplett fest gefahren. Wenn das schon auf freiem Weideland eine anstrengende Bergung darstellt, wie ist es erst, wenn so etwas mitten im Urwald passiert?

Carsten Bengs

Eimerkettenbagger bei Orenstein & Koppel

Die Gründung der Lübecker Maschinenbau Gesellschaft im Jahre 1873 sowie der Vorgängergesellschaft Kollmann & Schetelig im Jahre 1846 war der Beginn einer Erfolgsgeschichte kontinuierlich fördernder Bagger. Die LMG wird hier eine marktführende Position einnehmen und sich zum Marktführer entwickeln. Natürlich zieht dies auch Wettbewerber auf den Markt. Buckau Wolf, Lauchhammer oder Krupp waren nur einige namhafte Wettbewerber neben der LMG oder Orenstein & Koppel.

Hier soll aber nur die Entwicklung der Eimerkettenbagger von Orenstein & Koppel aus Berliner Fertigung skizziert werden. Bis 1911 stand Orenstein & Koppel im Wettbewerb zur LMG. Die Geschichte der Lübecker Trockenbagger kann im zweiten Teil über die Baumaschinen von Orenstein & Koppel / Lübecker Maschinenbau Gesellschaft verfolgt werden, die ebenfalls im Podszun Verlag erschienen ist.

Orenstein & Koppel in Berlin begann um 1900 mit der Entwicklung und dem Bau von Eimerkettenbaggern nach dem Auslauf eines Patents der LMG. Im Jahr 1876 gründeten in der heutigen Bundeshauptstadt Berlin Benno Orenstein und Arthur Koppel ein Handelsunternehmen für leichtes Feldbahnmaterial. Beide begannen ihre Geschäftstätigkeit „zum Zwecke eines Hütten- und Bergwerksproduktenge-

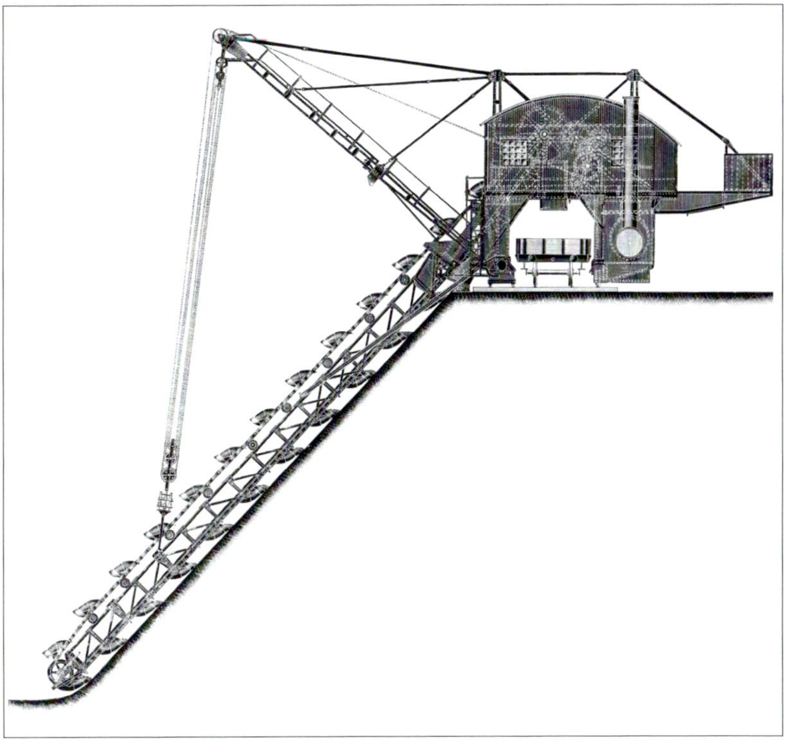

Auch in Berlin baute man erfolgreich Eimerkettenbagger. Type 30 war mit 130 t Dienstgewicht der größte Bagger. Die Zeichnung zeigt das Gerät mit geführter Eimerkette für schweren Boden.

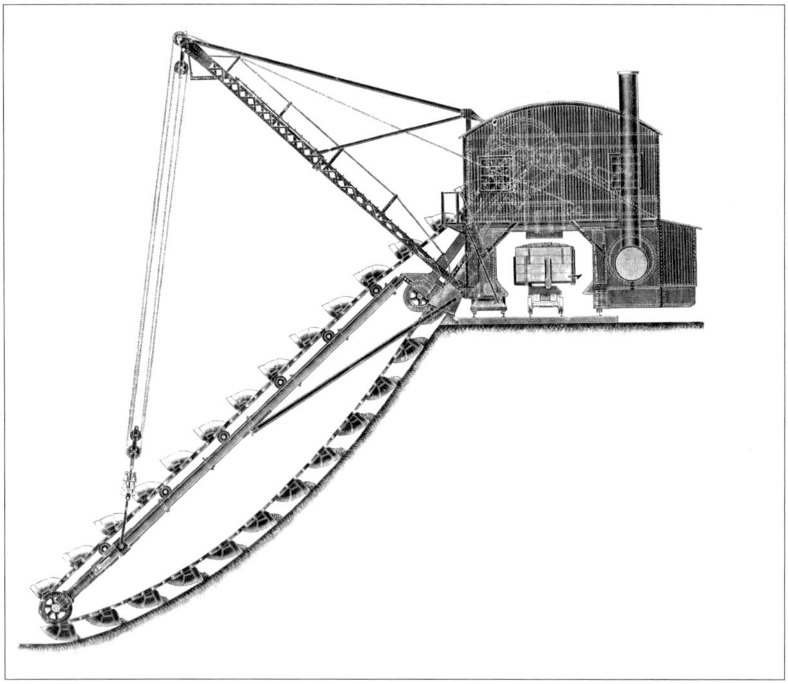

Die rund 95 t schwere Type 20 hatte eine durchhängende Kette für leichteren Boden. Die Übergabe des Materials erfolgte in Loren oder Waggons unterhalb

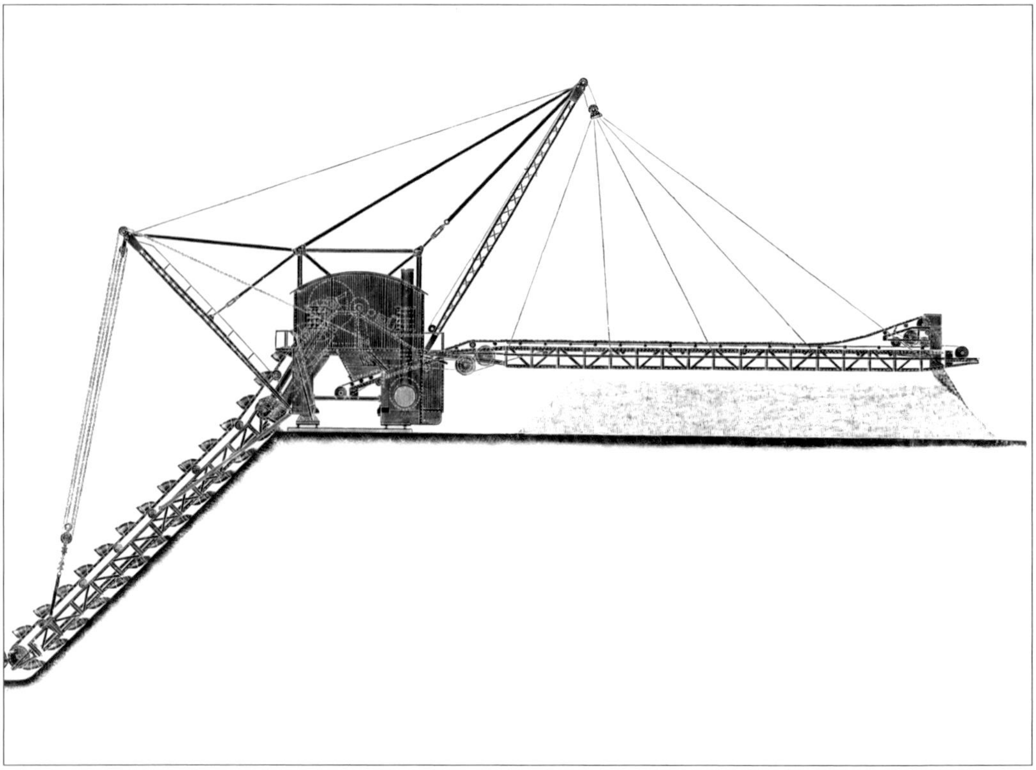

Type 20 war mit einem rückwärtigen Abwurfband lieferbar. Die Verkippung des Materials erfolgte direkt auf Halden, nicht in Waggons. Die Baggertiefe betrug 10 m.

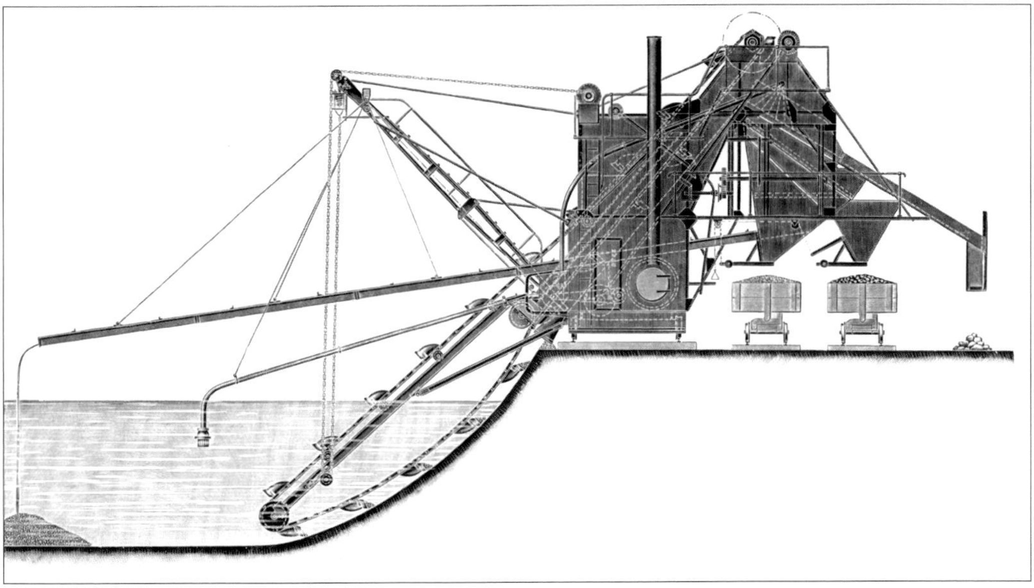

Type 15a war ebenso in der Nassbaggerei zur Kiesgewinnung einsetzbar. Der 53 t schwere Bagger förderte das Material aus Seen oder Flüssen und es wurde dann in Sand, Kies und Steine sortiert. Der Sand konnte dabei durch eine Spülleitung mit Zentrifugalpumpe zurückgespült werden oder aber auch in Wagen verladen werden.

schäfts“ unter dem Firmennamen „Orenstein & Koppel OHG“. Frühe Produkte waren in der Regel Feldbahnen und Zubehör.

In den Spandauer Werkshallen begann man mit der Konzeption und Entwicklung dieser stetig fördernden Bagger und ab 1902 wühlten sich diese neuen Maschinen durch Baggerseen, Kiesgruben und andere Baustellen. Die ersten Maschinen besaßen als Tragkonstruktion noch ein Holzgerüst, erst einige Jahre später wurden diese durch Stahlgerüste ersetzt. Das Arbeitsprinzip dieser Maschinen war sehr einfach. An einer Kette waren in bestimmten Abständen kleine Eimer oder Kübel angebracht. Die Kette umlief einen Ausleger, der in der Höhe verstellbar war.

Der frühe industrielle Aufschwung in vielen Kulturstaaten führte zu einer Verteuerung der Arbeitskräfte und zum Ersatz menschlicher Arbeitskraft durch Maschinen. Schon damals erkannte man die Vorteile der Rationalisierung, die vor allem in Wirtschaftlichkeit und Zeitersparnis bestanden. Ferner konnten viele teure Arbeitskräfte durch wenige Arbeiter ersetzt werden, deren Aufgabe in der Bedienung der Maschinen bestand. Hier verrät der Spezial-Katalog Nr. 807 Eimerkettenbagger um 1913 „Ganz besonders treten diese Faktoren auf dem Gebiete des Transportwesens in Erscheinung, wo es sich um die Bewältigung von Massen jeglicher Art handelt, von deren Fördermethode die Konkurrenzfähigkeit eines Unternehmens abhängt. In erster Linie müssen hier die Baggermaschinen erwähnt werden, deren hohe Bedeutung rückhaltlos anerkannt wird. (...)“ Damals waren Baumaschinen noch nicht verbreitet, sie mussten ihre Vorteile zunächst noch unter Beweis stellen. Dies zeigt auch ein Blick in den Katalog, denn dort wird festgestellt, dass sich Eimerkettenbagger auf Baustellen und in Gewinnungsbetrieben zukünftig durchsetzen würden. Sobald die bedeutende Kostenersparnis durch eine hohe Leistungsfähigkeit überall bekannt sein wird, hat auch die da-

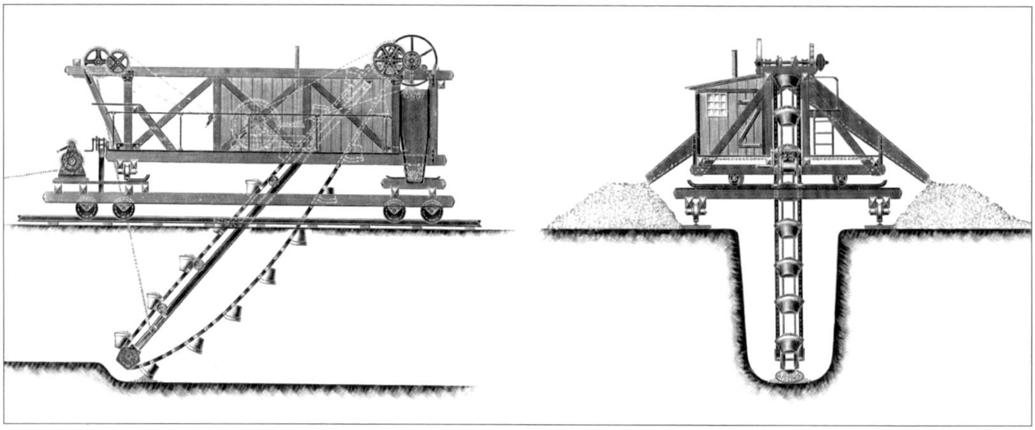

Da Tieflöffelbagger um 1910 noch nicht verbreitet waren, wurden zur Erstellung oder Reinigung kleinerer Wassergräben solche fahrbaren Grabenbagger produziert. Das Material wird bei diesem Bagger zu beiden Seiten über Rutschen geleitet.

Natürlich produzierte Orenstein & Koppel auch Schwimmbagger. Dieser ist als Seitenschütter bis 6 m Baggertiefe und Dampfantrieb zum Ausbaggern von Seen oder Teichen konzipiert. Seine Leistung lag bei stündlichen 400 Kubikmetern.

mals schon veraltete Methode des Erdaushubs durch Handarbeit endgültig ausgedient.

Die Bagger hießen bei O&K Normalkonstruktionen und wurden im Spandauer Werk ständig auf Vorrat gebaut, lange Lieferzeiten waren also relativ unwahrscheinlich. Auch Ersatzteile wurden in ausreichendem Maße vorgehalten, die anhand nummerierter Verzeichnisse schnell ausfindig gemacht werden konnten. Schon damals bot man den Kunden einen großzügigen Service mit an. Die Garantiezeit betrug sechs Monate, wobei bei Maschinen im Ausland die Kosten nur in der Höhe getragen wurden, die sich im Werk ergeben hätten. Auch die Anmietung von Eimerkettenbaggern war möglich, wenn die Maschinen nur für eine bestimmte Ar-

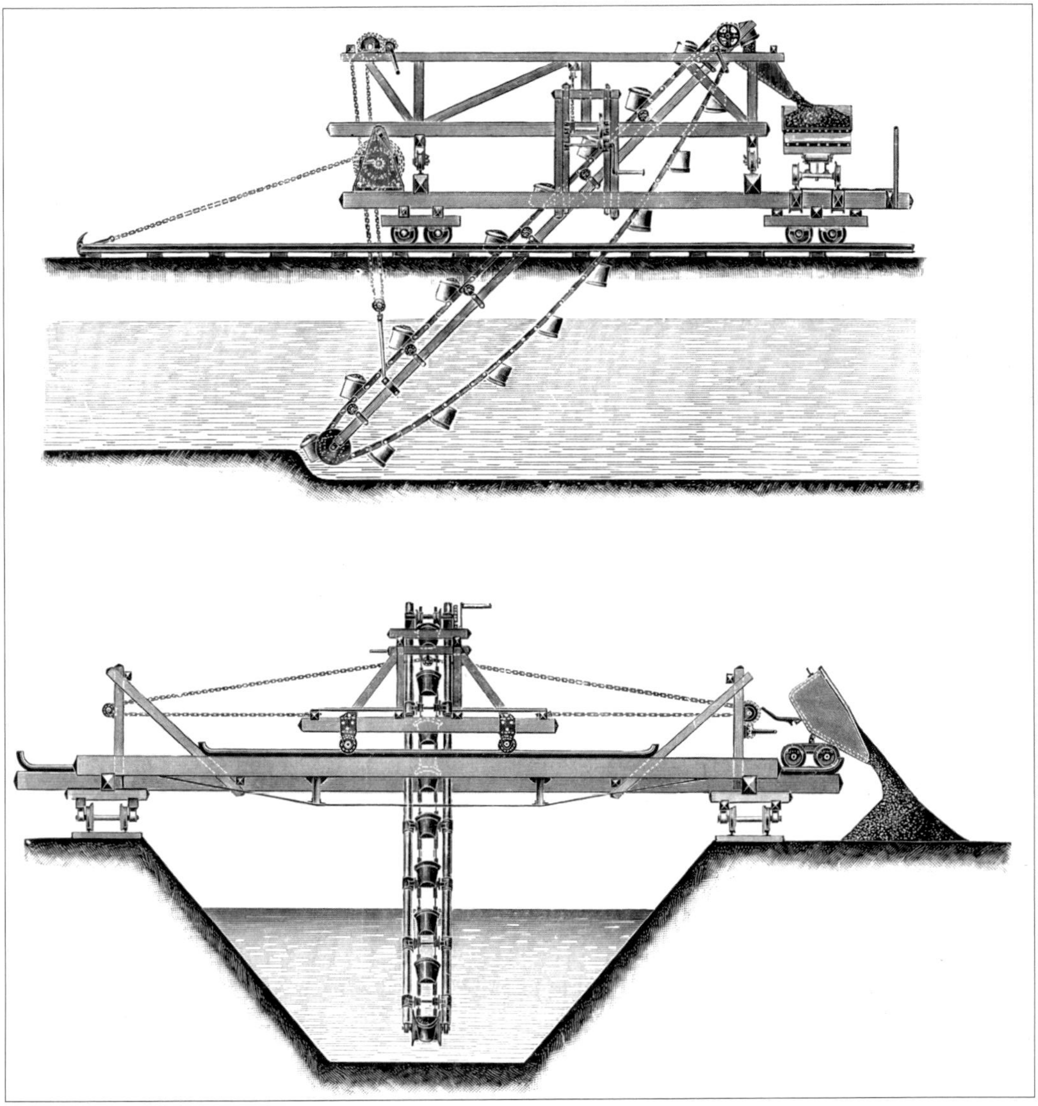

Sogar ein Handbetriebener Grabenbagger für Leistungen bis etwa 36 Kubikmeter pro Stunde wurden Angeboten. Der Antrieb erfolgte durch die Kurbeln und war mit Sicherheit eine schweißtreibende Arbeit.

beit benötigt wurden. Natürlich konnten die Kunden anschließend den Bagger auch kaufen, die bereits bezahlte Miete wurde dabei mit dem Kaufpreis verrechnet.

Das Angebot von Orenstein & Koppel an Eimerkettenbaggern bestand aus acht Normaltypen, die als Tief- oder Hochbagger eingesetzt werden konnten. Bei der Tiefbaggerung in lose gelagertem, steinigem Boden empfiehlt uns der Katalog eine durchhängende Kette, bei der die grabenden Eimer nicht seitlich geführt wurden. Dadurch konnten sie größeren Steinen oder anderen Hindernissen ausweichen. Um auch dieses Material abtragen zu können, musste eine zwangsläufig geführte Kette eingesetzt werden.

Die Hochbaggerung erfolgt durch vorwärts-

Eine typische Kanalbaustelle in Deutschland um 1910 mit dem Eimerkettenbagger Type 20 für 12 m Baggertiefe. Der Anschaffungspreis lag seinerzeit bei 54.000 Mark. Aufwändig war das Rücken der Schienen mit dem Baufortschritt, da diese quer zur Baggerichtung verlegt waren

Dieser Type 15a arbeitet in Deutschland bei der Abdeckung eines Kies und Tonlagers. Zeitgemäß erfolgte der Transport des Materials mit Loren und kleinen Dampfloks – einfach ein herrlicher Anblick aus heutiger Sicht.

Type 15a arbeitet hier in der Abraumbeseitigung in einem Tagebau in Deutschland. Gut zu erkennen ist die Ausführung als Hochbagger mit rückwärtsschneidenden Eimern und durchhängender Eimerkette. Hier stehen Loren mit Dampflok zum Abtransport bereit.

Type 5 wog 30 t und kostete um 1910 21.700 RM. Das Gerät arbeitet hier in Frankreich bei der Kiesgewinnung. Es ist mit einem Sortierwerk sowie mit einer Waschvorrichtung ausgestattet, um den Sand vom benötigten Kies zu trennen.

Um 1910 war es durchaus typisch, das solche Maschinen mit Holzgerüst ausgeliefert wurden. Dies war dann der Fall, wenn der Transport des Eisengerüstes von der Fabrik zum Kunden zu aufwändig war. Dann konnte das Holzgerüst einfach vor Ort gebaut werden und man sparte sich die Transportkosten. Dieses Gerät mit Holzgerüst arbeitet in Deutschland bei der Kiesgewinnung.

Tatsächlich wurden solche Grabenbagger für Handbetrieb auch wirklich eingesetzt, um Kanäle auszuräumen. Die Arbeiter scheinen jeweils motiviert zu sein, die Kurbel zu bewegen. Gut zu erkennen ist die Holzkonstruktion des Grabenbaggers.

oder rückwärtsschneidende Eimer. Vorwärtsschneidende Eimer greifen von unten an und sind mit geschlossenen Eimern ausgerüstet. Diese greifen die untere Materialwand an, sodass das höherliegende Material nachstürzen kann. Hochbagger mit rückwärtsschneidenden Eimern schneiden die Wand von oben mit offenen Eimern an. Ihr Vorteil liegt bei tonigem, lehmigem und klebrigem Material. Dadurch setzt sich das Grabgut nicht in den Eimern fest. Als Option konnte der Kunde aber auch ein Ausschneidemesser bekommen, das am Oberturas angebracht wurde. Das Material wurde anschließend an Transportfahrzeuge übergeben. Dies waren um 1900 natürlich noch Feldbahnen.

Um das Baggergewicht der größeren Typen

Die acht Maschinentypen boten folgende technische Daten:

Type	1	2	3	5	10	15a	20	30
Gewicht (t)	7	18	22	30	44	53	95	130
Anzahl Gleise	2	2	2	2	2	2	4	4
Schaufelinhalt (m3)	0,5	0,75	1	1,5	2,5	3	4,5	4,5
Baggertiefe (m)	5	8	8	8	9	10	14.	18

Dieser Schwimmbagger wird in Deutschland zur Reinigung eines Grabens eingesetzt. Seine Bedienung ist deutlich komfortabler und erfolgt elektrisch.

Um 1900 lieferte Orenstein & Koppel aus Berlin Schwimmbagger. Dieser kleine motorbetriebene Bagger wurde auf der Isar zur Kiesgewinnung eingesetzt und hatte eine Tagesleistung von300 Kubikmetern. Interessant ist der Abtransport des Materials mittels Feldbahnen, deren Gleise auf den kleinen Booten verlegt sind.

auf dem Boden zu verteilen, waren hier sogar Gleise mit vier Schienen vorhanden. Bagger auf Raupenketten werden erst später Einzug auf Baustellen halten. Eimerkettenbagger auf Raupen aus der Berliner Fertigung dürften nicht gebaut worden sein; in den Prospekten tauchen keine auf. Bei der Baggerleistung der Maschinen musste grundsätzlich zwischen der theoretischen und effektiven Leistung unterschieden werden. Die theoretische Leistung ergibt sich bei gestrichen vollen Eimern pro Stunde als Produkt aus Eimerinhalt mal der Schüttungen der Eimer pro Minute mal 60 Minuten. Da aber die Beschaffenheit der Böden, das Können der Maschinisten und die Disposition der Transportfahrzeuge auf den Baustellen nicht immer gleich sein kann, muss

Ebenfalls auf der Isar bei der Kiesgewinnung wurde dieser Schwimmbagger mit 120 Kubikmeter Tagesleistung eingesetzt. Kunde beider Geräte war das Königliche Straßen- und Flussbauamt Landshut. Die Holzschiffe wurden beigestellt. Das Amt zeigte sich sehr zufrieden mit den Baggern, " (...) Die Bagger haben sich sehr gut bewährt. Die Abnutzung ist trotz intensiver Beanpruchung unbedeutend (...)", so schrieb es im August 1912 an Orenstein & Koppel.

Das Elektrizitätswerk München hatte um 1900 diesen Schwimmbagger zur Kanalreinigung im Einsatz. Der kleine Bagger hatte eine Tagesleistung von 36 Kubikmetern und war handbetrieben. Das Gerüst war umlegbar.

Auf dem schönen Königssee am Watzmann kam um 1900 dieser kleine handbetriebene Bagger zum Einsatz. Die Tagesleistung des Baggers lag ebenfalls um die 36 Kubikmeter. Sicher war die Handarbeit anstrengend.

die effektive Leistung herangezogen werden. Ausgelegt waren die Maschinen für drei verschiedene Bodenarten: leichter Boden, wie locker gelagerter Sand, Humusschichten und anderes lockeres Material; mittelschwerer Boden, wie leichter Ton, Abraumerde oder Lehm und schwerer Boden, wie fest gelagerter Ton, Kreide usw. Als Charakteristikum für die letzten beiden Bodenarten verrät uns der Katalog, dass sich mittelschwerer Boden noch mit dem Spaten abstechen lässt und bei festem Boden eine Hacke notwendig wird.

So ist die theoretische Leistung der Bagger stets höher als die effektive. Schaut man hier beispielsweise auf zwei Eimerkettenbagger aus dem Mittelfeld, so stellt sich dies wie folgt dar.:Type 5 bietet eine effektive Leistung von 400 m^3 in schwerem Boden, bis 730 m^3 in leichtem Boden und maximal 900 m^3 als theoretische Leistung; die genannten Zahlen beziehen sich auf einen Zehn-Stunden-Tag bei ununterbrochener Arbeitszeit. Der 44 t schwere Typ 10 bietet eine theoretische Leistung von bis zu 1500 m^3 und effektiv zwischen 600 m^3 und 950 m^3.

Ergänzt wurden diese Typen bei O&K durch Kleingeräte, die ab Mitte der dreißiger Jahre angeboten und stetig ergänzt wurden. In den fünfziger Jahren können die Kunden von Orenstein & Koppel dann sieben kleinere Typen für alle Aufgaben auswählen.

Der Klein-Eimerbagger Type K ist für eine theoretische Leistung von 18 m^3 ausgelegt und wiegt leichte 3,5 t. Der Antrieb erfolgt nicht mehr über Dampf, der Dieselmotor hat seinen Siegeszug fortgesetzt und stellt der Type K ganze 6 PS zur Verfügung. Der Grund für die Markteinfüh-

Produktpalette der Eimerkettenbagger aus Berlin von ca. 1950 bis Ende der fünfziger Jahre

	K	Z	Zb	M	0	1	2
Leistung (cbm/h)	18	27	30	36	36	48	66
Abbauhöhe (m)	2,5/3,5	8	8,5	9	11	12	12
Abbautiefe (m)	2,5/3,5	8	8,5	9	10	10	11
Gewicht (t)	3,5	9,5	10	12	14	19	26
Antrieb (PS)	6	13	16	20	20	25	38

Das Königliche Straßen- und Flussbauamt Nürnberg setzte um 1910 diesen motorbetriebenen Schwimmbagger mit 120 Kubikmetern Tagesleistung ein. Aufgabe des Baggers war die Regulierung der Pegnitz.

Die Produktion der Eimerkettenbagger erfolgte bei Orenstein & Koppel im Berliner Werk. Im Vordergrund ensteht gerade ein Schwimmbagger; der Anker ist gut zu erkennen.

rung dieser Klein-Eimerbagger war die große Nachfrage nach einem kleineren, leistungsfähigen Eimerkettenbagger. Während in Berlin Standardgeräte an Eimerkettenbaggern gebaut wurden, lag der Fokus beim entfernten Wettbewerber in Lübeck immer auf Einzelanfertigungen, die spezifisch auf die jeweiligen Einsatzanforderungen entwickelt und gebaut wurden.

So ergänzten sich diese Produktlinien aus Berlin und Lübeck dann auch sehr gut. Die Annäherung von Orenstein & Koppel und der Lübecker Maschinebau Gesellschaft erfolgte daher im Jahre 1911, als O&K rund 93 Prozent der LMG Aktien übernahm. Das Konstruktionsbüro der LMG wird seinerzeit für mehr als ein Jahr in die Verwaltung der Orenstein & Koppel AG ans Tempelhofer Ufer in Berlin verlegt. Maßgeblich beeinflusst und fortentwickelt wurden diese kontinuierlich arbeitenden Eimerketten- und später Schaufelradbagger definitiv von der Lübecker Maschinenbau Gesellschaft und der Bau der kleinen Eimerkettenbagger in Berlin wurde in den sechziger Jahren zurückgefahren und eingestellt.

Auch war die Konkurrenz der wendigen Hydraulikbagger einfach zu groß geworden und der Bau und die Erhaltung der Gleise für die kleinen Bagger bis 26 t Gewicht war einfach viel zu unwirtschaftlich geworden. Mit den Hydraulikbaggern konnten diese Arbeiten wesentlich schneller und günstiger durchgeführt werden.

Im Stil der 1930er Jahre wurden die Bagger beworben. Neben den größeren Baggern seit 1900 – wie dem 30 t schweren Type 5 – kamen nun auch kleinere Typen hinzu. Einsatzgebiete waren nach wie vor Kies- oder Tongewinnung.

Die kleineren Eimerkettenbagger blieben bei O&K noch bis in die fünfziger Jahre im Lieferprogramm. Beworben wurden sie mit einigen Prospekten für Ziegeleien oder zur Kiesgewinnung.

Gemächlich dürfte es wohl zugegangen sein, zur damaligen Zeit. Auch wenn das Rücken der Gleise sicher aufwändig war, erfreuten sich die kleinen Bagger doch großer Beliebtheit.

Type Z war schon in den dreißiger Jahren lieferbar und hatte ein Dienstgewicht von maximal 7 t. Angetrieben wurde er entweder elektrisch oder über einen Dieselmotor.

In den fünziger Jahren war der kompakte Eimerkettenbagger Typ K der kleinste der Reihe. Hier arbeitet das Gerät als Tiefbagger bei der Tongewinnung für 4 m senkrechte Abbautiefe.

Hier erstellt der 4,5 t schwere Typ K verscheidene Grabenprofile. Der Bagger ist im Baukastenprinzip konstruiert und die Eimerleiter kann so mit einzelnen Teilstücken den verschiedenen Grabenprofilen angepasst werden.

Dieser Typ K wurde in der Tonbaggerung eingesetzt. Die über dem Ton liegende Humussschicht wurde separat gebaggert und über das vordere Förderband wieder in die Grube zurückgeführt.

Baustellenalltag in den frühen fünfziger Jahren. Der Abtransport des Materials erfolgte in Loren. Der Umbau der gesamten Gleisanlage war mit Baufortschritt sehr aufwändig. Type K hatte eine Gleisspurweite von 0,6 oder 0,9 m.

Die stündliche Förderleistung des Baggers lag bei 9 bis 27 Kubikmeter. Auffällig ist der große Ballastkasten bei entsprechender Ausladung der Eimerkette. Über den Ballastkasten erfolgte die Stromzufuhr dieses elektrisch angetriebenen Typs Z.

Gut zu erkennen ist hier die deutlich größere Spurweite der Gleise von rund 1,4 m. Die recht spartanisch ausgebildete Fahrerkabine war zudem nicht mal mit einem Fahrersitz ausgestattet.Die Aufnahme ist um 1929 entstanden.

Die installierte Motorleistung betrug bei Type Z 11 bis 13 PS bei optionalem Diesel- oder Elektro. antrieb. Dieses Gerät ist ebenfalls elektrisch angetrieben.

Zufrieden waren die Kunden mit dem Gerät. So wird das Alfelder Dampfziegelei- und Sägewerk 1952 zitiert mit: "... das der im Frühjahr 1950 von Ihnen gelieferte Eimerbagger Type Z bisher zu unserer vollsten Zufriedenheit gearbeitet hat. Erst mit dem Einsatz dieses Baggers war es uns möglich, in die Tongrube Ordnung hereinzubringen und einen rollenden, störungsfreien Abbau zustande zu bringen, wobei wir feststellen konnten, daß die Stahlqualitäten gerade der stark beanspruchten Baggerteile besonders gut sind."

Auch Type Z war als Hinterschütter ausgeführt, das bedeutet, dass die Materialverladung hinter dem Bagger erfolgte.

In den dreißiger Jahren war der kleinste Bagger die Type Za. Hier ist der 5 t schwere Bagger in der Tiefbaggerung unter Wasser im Einsatz mit Horizontalstück. Die maximale Baggertiefe betrug 4,5 m. In den fünfziger Jahren war Type Za aus dem Produktprogramm verschwunden.

Ab ca. Mitte der fünfziger Jahre wurde aus Typ Z dann Typ Zb, ausgelegt für eine stündliche Leistung von 30 Kubikmetern. Das Dienstgewicht betrug nunmehr 10 t. Mittlerweile war auch eine formschöne Kabine erhältlich.

Kiesgrubenalltag in den fünfziger Jahren! Der Abtransport des Materials erfolgt nach wie vor über Loren, lediglich die Dampflokomotiven verschwanden und der Dieselantrieb hielt Einzug. Ein weiterer Bagger ist hinter dem Gegengewicht zu erkennen.

Offensichtlich wurden die kleinen Eimerkettenbagger im Werk zu Erprobungszwecken aufgebaut und getestet. Für die Type Zb standen Diesel- oder Elektroantrieb zur Verfügung mit bis zu 16 PS.

Auch im Tiefbaggerbetrieb wurde Type Zb eingesetzt. Hier konnte dann bis zu 8,5 m tief gebaggert werden. Das Foto zeigt den Bagger in der Abraumbeseitigung, angtrieben von einem luftgekühlten Zweitakt-Dieselmotor.

Type 0 war ebenfalls in den dreißiger Jahren lieferbar und wog 8 t. Rund 20 Jahre später war sein Dienstgewicht sogar auf 14 t gewachsen. Sein Diesel- oder Elektroantrieb erbrachte max. 20 PS. Die Förderleistung von Type 0 betrug 36 Kubikmeter pro Stunde. Bis zu 10 m konnte gebaggert werden.

Die 20 t schwere Type M erscheint um 1958 in den Produktprogrammen bei Orenstein & Koppel. Die stündliche Förderleistung betrug ebenfalls 36 Kubikmeter.

Die Type 1 war der zweitgrößte der kompakten Eimerkettenbagger mit 19 t Gewicht. Hier arbeitet er als Tonbagger in der Ziegelei Konrad Köhler in Lechstedt bei Hildesheim für 12 m senkrechte Abbauhöhe und 33 Kubikmeter stündliche Leistung. Man beachte den großzügig bemessenen Ballast. Die maximale stündliche Leistung des Baggers lag bei 48 Kubikmeter. Angetrieben wurde der Bagger von einem 25 PS starken Diesel- oder Elektromotor; im Bild mit Elektroantrieb.

Auf dem Werksgelände zeigt sich Type 1 neben seinem kleineren Bruder, vermutlich Type Zb. Letzterer ist rund 10 t leichter als die 19 t schwere Type 1.

Interessant ist auch die relativ einfache Gleisverlegung ohne viel Unterbau. Immerhin besitzt dieser Bagger schon ausreichende Absturzsicherung oben und Leitern zum Aufstieg.

Größter Eimerkettenbagger in den fünfziger Jahren war Type 2. Der 26 t schwere Bagger ist hier als Tonbagger mit 9 m Abbautiefe im Einsatz. Die maximale Abbautiefe betrug 12 m.

Diese rückwärtige Aufnahme von Type 2 wurde offenbar für einen Prospekt oder dergleichen freigestellt. Sie zeigt aber sehr schön die rückwärtige Seite und das Sortierwerk für 2 Materialien.

Maximal konnte Type 2 66 Kubikmeter pro Stunde fördern. Und auch wenn die Sicherheitsbestimmungen damals noch anders waren, so zeigt die Aufnahme den Zeitgeist der Fünfziger. Zu sehen ist ebenfalls ein Schwimmbagger.

Ulf Böge

Benati: La grande leggenda italiana

Meilensteine aus der Geschichte eines großartigen Unternehmens

Die Vielfältigkeit von Baumaschinen und deren Hersteller ist immer wieder beeindruckend. Es gibt kaum ein Land der Welt, in dem sich nicht irgendwann einmal mit der Entwicklung und Produktion von Erdbewegungsmaschinen, Kranen, Dumpern oder Walzen beschäftigt wurde. Anfangs oft für den eigenen inländischen Bedarf, später zum Teil auch als gewinnbringende Exportartikel für andere Märkte. Unzählige Ideen, Konstruktionen, Varianten und Typen sind daraus – vor allem in der Zeit nach dem Ende des 2. Weltkrieges – entstanden. Zahlreiche Firmen wurden währenddessen gegründet, hatten Glanzzeiten und Erfolge, aber viele verschwanden in dieser Zeit auch wieder – kleine sowie große Namen der Baumaschinenindustrie gerieten in Vergessenheit oder wurden zu Legenden. Auch in Italien boomte der Baumaschinenmarkt seit den frühen 1950er Jahren. Hier, wie auch anderswo in Europa, herrschte nach den furchtbaren Kriegsjahren eine Aufbruchstimmung, die sich aus dem Tatendrang sowie dem Willen zur Moderne positiv in allen Bereichen der Wirtschaft generierte. Das Land blickte nach vorne und damit verbunden auch auf den erhofften Wohlstand. Jahr für Jahr wuchs die Wirtschaftsleistung und Italiens Industrie erreichte nach und nach wieder seine einstige Stärke. Wirtschaftswachstum war auch damals eng mit der Bauwirtschaft verknüpft. Der Bedarf an neuen Produktionsanlagen, Infrastruktur und Wohnraum verschaffte den Firmen des Baugewerbes rasch volle Auftragsbücher und Vollauslastung. In Zeiten mangelnder Arbeitskräfte waren daher moderne Maschinen und effektive Produktionsmittel gefragt wie nie zuvor.

Anfänge in der Landwirtschaft

Das erkannte auch die Firma Benati aus der norditalienischen Stadt Imola. Das Unternehmen bestand bereits seit 1887 und wurde ursprünglich von Andrea Benati als kleine mechanische Werkstatt gegründet. Hauptsächlich reparierte Benati damals landwirtschaftliche Gerätschaften, nahm dann aber auch die Herstellung von Pflügen – anfangs aus Holz, später aus Metall – in sein Angebot mit auf. Die Erfahrungen und die gute Qualität der Pflüge machte Benati in den darauffolgenden Jahrzehnten zu einem renommierten Anbieter für die Landwirtschaft. Die Spezialität: Ausgesprochen große Pfluggeräte, die sich in den schweren Böden Norditaliens besonders eigneten und von starken Raupenschleppern gezogen wurden.

Genau 70 Jahre nach der Gründung nahm Benati nun im Jahre 1957 erstmals auch Anbaugeräte für die Bauwirtschaft in das Produktionsprogramm mit auf. Sowohl die Kunden aus der Landwirtschaft, als auch die Bauunternehmen in der Nachkriegszeit hatten großen Bedarf an rationellen Ladeeinrichtungen und so lag es für Benati nahe, vorhandenen Traktoren und Raupenschlepper mit derartigem Zubehör auszurüsten. Mit der „Pala“-Frontladeschaufel vom Typ BEN/70 - Spezial auf Raupenschlepper und der BEN/70/R für Traktoren auf Rädern konnten nun zwei erste Erdbewegungsgeräte angeboten werden.

Wie viele Hersteller, so startete auch Benati mit der Ausrüstung von Traktoren und Raupen zu Erdbewegungsmaschinen. Nur anfangs waren in diesen noch Ford-Motoren verbaut.

Neuer Eigentümer – erster Hydraulikbagger

Im Jahr 1961 erfuhr das Unternehmen eine einschneidende Veränderung, die sich als überaus erfolgreich erweisen und vor allem die Baumaschinenindustrie in Italien damit entscheiden prägen sollte: Der Unternehmer Renato Bacchine übernahm die Firma. Dieser sah in der Erweiterung des Baumaschinenangebotes ein großes wirtschaftliches Potential, das er mit einer konsequenten Strategie zur Entwicklung neuer Produkte und zusätzlichen Geldgebern nutzen wollte. Aus diesem Grunde wandelte er das Unternehmen in eine Aktiengesellschaft – zur Benati S.p.a. – um.

Bacchine analysiert den Bedarf der Baufirmen und setzte von Anfang an auf den Einsatz hydraulischer Komponenten bei seinen Baumaschinen. Einige Erfahrungen hatte das Unternehmen bereits bei der Entwicklung der Ladeanlagen und zwischenzeitlich auch ersten Heckbagger der „La Giraffa"-Baureihe sammeln können. Nun sollte es, nach den Ideen des neuen Eigentümers schon bald einen leistungsstarken und marktfähigen Hydraulikbagger geben. Die Ingenieure in der Konstruktionsabteilung waren schnell. So schnell, dass bereits im selben Jahr der Übernahme ein vollkommen neuer Hydraulikbagger präsentiert werden konnte.

Der Benati MAX 80 war ein 11,1 t schwerer Raupenbagger mit einem 60, später 84 PS starken 4-Zylinder Motor vom Same sowie einer Vickers-Hydraulikanlage. Die Löffelkapazität betrug rund 0,35 m^3 und der Obenwagen konnte um 360° endlos schwenken. Außergewöhnlich für einen Bagger dieser Zeit war, dass sich Benati bereits von Anfang für einen hydraulischen Fahrantrieb entschieden hatte. Der MAX 80 war somit ein richtiger Vollhydraulikbagger.

Nach und nach entwickelte sich der MAX 80 zu einen ausgereiften Universal-Raupenbagger. Neben verschiedenen Hoch- und Tieflöffeln standen auch unterschiedliche hydraulische Greifer und Hebezeuge zur Auswahl. Angerieben wurde die Maschine von einem 84 PS Same-Motor Typ SA/TR 1154-Motor. Inklusive der Kabine und eines 0,5 m^3 Löffels war er damals für 13 Millionen Lire zu haben.

Bereit zur Auslieferung: Vor dem Benati-Werk in Imola präsentierten sich die fabrikneuen MAX 80 eindrucksvoll, bevor sie auf den Weg zu ihren neuen Eigentümern gebracht wurden

Rechts: Klare Linien und ein übersichtlicher Aufbau zeichneten den MAX 80 aus. Auch die vorgezogenen, großflächig verglaste Kabine wirkt für das Jahr 1964 sehr modern und durchdacht.

Auch als Mobilbagger kam der MAX 90-R4 ab 1969 auf den Markt

Ab 1969 präsentierte sich der MAX 90 Robot als Nachfolger des MAX 80. Diesmal sorgte ein Perkins Motor Typ 4236 mit 90 PS für entsprechende Kraftreserven. Ein robustes Traktorenlaufwerk und eine größerer Kabine gehörten zu den Verbesserungen.

Der MAX 90 Robot/3 zeigte einige konstruktive Besonderheiten beim Ausleger. Durch eine Verstellstrebe konnten unterschiedliche Positionen eingestellt werden, die sich jeweils auf die Reichweite oder die Hubkraft auswirkten.

Ein Programm entsteht

Der Tatendrang Bacchinis, Benati zu einen großartigen Anbieter von Erdbewegungsmaschinen zu machen, war groß und seine Ideen unerschöpflich. Rasch folgen weitere Neuentwicklungen, wie der kleine Radlader BEN 35 mit 30 PS Motorleistung und wahlweise Vorder- oder Hinterradantrieb im Jahre 1962 und ein Jahr später der erste Baggerlader BEN 70 R mit dem Heckbagger „La Giraffa 33". Somit konnte Benati nun die wichtigsten Bereiche der Erdbaumaschinen in Italien abdecken und erweiterte das Programm kontinuierlich. Bis zum Jahre 1966 ergänzten ein weiterer Raupenbagger, Typ MAX 140, sowie ein größerer Radlader vom Typ BEN 15 GM das Angebot. Vollkommen neu war auch die erste kleine Laderaupe BEN Super 50, die auch als Kombinationsgerät mit Heckbagger zum Einsatz kommen konnte. Außergewöhnlichste Neuentwicklung war jedoch der erste Benati-Mobilbagger vom Typ MAX 160 R4: Zwei Motoren, in Ober- und Unterwagen waren in ihm verbaut und machten die Maschinen zu einem Novum auf der damaligen Baufachmesse Samoter in Verona.

In der modernen Super-Version zeigte sich der MAX 160 R4 nunmehr als konventioneller Mobilbagger mit einen Antriebsaggregat für alle Arbeite und Fahrfunktionen

Im Einsatz: Stolz zeigte der Baggerführer hier, wie er den MAX 160 Super/3 im Griff hatte. Die Anzahl der Hebel und die ergonomische Haltung verlangten dem Bediener damals noch einiges ab. Vorbildlich war allerdings schon die großflächig verglaste Kabine, aus der die Sicht auf das gesamte Arbeitsfeld sehr gut möglich war.

Kraftpaket: Der MAX 220 Record beeindruckte im Jahre 1969 nicht nur durch seine Leistung. Auch optisch stellte sein Design eine Besonderheit dar, das jedoch in späteren Typen in dieser Form nicht weiter entwickelt wurde

Der Raupenbagger MAX 70 Pony in der erste Version…

… und als weiterentwickelte 3er-Serie. Nunmehr verfügte der Bagger bereits über einen robusten Grundausleger mit groß dimensionieren Hubzylinder sowie mechanisch verstellbarem Hauptausleger. Der Löffel konnte sowohl für den Tief- als auch für den Hochschnitt verwendet werden.

Bereits zwei Jahre später konnte Benati schon wieder interessante Neuheiten vorstellen. Die Raupenbagger MAX 70 „Pony“ und MAX 90 „Ribot“ ersetzten nun den alt bewährten MAX 80 und mit 14,5 t war der neue MAX 160 „Super“ ein weiterer stattlicher Vertreter seiner Art. Neu war nun auch der Benati-Mobilbagger MAX 90 R4 „Ribot“. Das Radlader-Programm wurde zwischenzeitlich um die drei Typen, BEN 10 GM, BEN 18 GM sowie den erstmals knickgelenkten BEN 19 GM erweitert. Das Konzept der ersten Benati-Radlader läßt vermuten, dass sich Bacchine und seine Konstrukteure stark an den Vorbildern aus den U.S.A. orientierten. So gibt beispielsweise die Ladekinematik der GM (gommato = luftbereift) – Typen deutliche Hinweise auf eine derartige Inspiration. Offenbar galt damals das Motto, besser einer guten Idee zu folgen, als riskante Experimente zu wagen. Das galt auch für die damaligen Hersteller Moretti oder Dodich, die ebenfalls mit ähnlichen Konstruktionen an den italienischen Markt gingen.

Benati-Baumaschinen wurden immer erfolgreicher. Die Nachfrage ging Ende der 1960er Jahre weit über die Grenzen Italiens hinaus. Stark nachgefragt waren die Baumaschinen in Jugoslawien und Bulgarien, aber auch in Deutschland, den Niederlanden, Österreich und vor allem der Schweiz waren Qualität, Flexibilität und Innovation aus Imola sehr gefragt, was zur Folge hatte, dass die Kapazitäten im Stammwerk ans Limit gerieten. Renato Bacchini musste handeln und entschloss sich, das Unternehmen im Jahre 1969 neu zu strukturieren. Um die Produktion besser verteilen zu können und für die unterschiedlichen Bereiche Kompetenzen zu bündeln, wurden Zweigwerke gegründet. Die „Gruppo Industriale BEN“ entstand.

Das Hauptwerk in Imola, „BENATI SpA“ war nunmehr ausschließlich die Konzernzentrale und Hauptverwaltung sowie der Produktionsstandort für die Raupenbagger. Die Radlader entstanden in der neu gegründeten „BEN SpA“ in Bubano di Morandi (BO). Dort siedelte Be-

Nächste Stufe: In der Weiterentwicklung erhielt auch der Mobilbagger MAX 70 R4 Pony/3 einen modernen Ausleger

Links: Der Prospekt aus dem Jahre 1970. Rechts: Alles im Blick: Konzentriert folgt der Fahrer den Bewegungen des BEN 90 C. Geschickt musste er die Hebel und Fußpedale koordinieren, damit sauberer und sichere Arbeitsspiele möglich waren.

Solider Stahlbau: Der MAX 90 Robot / 3 machte im Einsatz einen guten Eindruck. Ober- und Unterwagen waren robust ausgelegt und auch Auslegerkonstruktion und Kinematik waren außergewöhnlich robust konzipiert.

Spezielle Ausführung: Für den Einsatz in Forstgebieten, auf Plantagen oder zur Urbarmachung größerer Flächen wurde der Raupenbagger BEN 90 C in einer besonderen Ausrüstung angeboten

Auch als kleinster Raupenbagger mit 10 Tonnen Gewicht war er kraftvoll und schaffte mit seinem 0,6 m^3 Tieflöffel so einiges weg. Die Power bezog der Bagger entweder aus einen luftgekühlten Deutz 3-Zylinder-Dieselmotor mit 58 PS oder optional aus einem Aggregat von Perkins mit dann 80 PS und 4 Zylindern.

Kleiner mobiler 11-Tonner: Der BEN 90 R mit Allradantrieb und hydraulischer Abstützung

Stattliche 12 Tonnen brachte der BEN 120 C in Jahre 1973 auf die Waage. Dazu kamen 73 bzw. 80 PS Motorleistung und 10,5 t Losbrechkraft. Zusammen ergab das einen leistungsstarken Raupenbagger, der mit unterschiedlichen Ausrüstungen zum Einsatz kam.

nati auch die neue „MA.TER SpA" an, welche für die Entwicklung und Herstellung von Komponenten sowie aller Mobilbagger zuständig war. Eine weitere Neugründung war die „MOND. BEN SpA" in Portomaggiore (FE), die die Produktion der Baggerlader und Raupen übernehmen sollte. Später kamen zur Gruppe noch die Komponentenwerke „HIDROBEN SpA" sowie die „Benmeccanica SpA", in Imola dazu. Benati war damit für die kommenden 1970er Jahre gut aufgestellt und hatte sich zu einem beeindrukkenden Hersteller in der Branche entwickelt. Stillstand schien es nie zu geben …

Das zeigten auch die Neuentwicklungen, die nun Jahr für Jahr ihre Marktreife erlangten. So entstand jetzt beispielsweise mit dem 28 t schweren MAX 220 „Record" der bis dahin größte Hydraulikbagger. Mit ihm konnte Benati nun 4 Raupenbagger, 3 Mobilbagger, 5 Radlader sowie jeweils einen Baggerlader und eine Laderaupe anbieten. Bereits im Jahre 1971 wurden die Hydraulikbagger zur „Super/3"-Serie weiterentwickelt was sich in zahlreichen Leistungsverbesserungen und augenscheinlich in den Oberwagen-Gestaltungen sowie überarbeiteten Auslegerkonstruktionen zeigen sollte.

Prospekt des Mobilbaggers in der Bauform aus dem Jahr 1975

Ein Hingucker nicht nur für den Lkw-Fahrer: Ab 1977 erschien der Mobilbagger BEN 120 RS dann in angepasster Optik. Auch das Gewicht erhöhte sich im Vergleich zum Vorgänger um rund 1 t. Auch wenn die Kabine für die damalige Zeit sehr modern anmutetet, so waren die Bedienelemente jedoch hier noch nicht servogesteuert.

Im Jahr 1973 nutzte Benati die Chance, das Portfolio seiner Erdbewegungsmaschinen durch externes Know How eines weiteren Herstellers zu erweitern. Die Übernahme der Firma Tellus aus Triest ermöglichte nun, einen weiteren und sehr bemerkenswerten Maschinentyp ins Angebot zu integrieren: den Multi Works MW 140. Schon im Jahre 1966 wurde das Konzept dieses um 360° schwenkbaren Raupenladers entwickelt und kombinierte damit die Eigenschaften von Lader und Bagger. Fortan wurde dessen Produktion nun in das Benati-Zweigwerk „MA.TER SpA" verlagert.

Beeindruckendes Baumaschinen-Programm

Der Anfang der 1970er Jahre war europaweit durch eine anhaltende Flaute der Bauwirtschaft sowie die vorangegangene Ölkrise stark geprägt. Wirtschaftlich wie gesellschaftlich durchlief auch Italien eine schwere und unruhige Zeit. Um so bemerkenswerter scheint es aus heutiger Sicht, dass Benati zur SAMOTER 1975 ein nahezu vollkommen neues Baumaschinen-Programm präsentieren konnte. Insgesamt 6 Raupenbagger der Typen BEN 90 C, BEN 120 C, BEN 160 C, BEN 230 C, BEN 310 C und BEN 450 C, 3 Mobilbagger der Typen BEN 90 R, BEN 120 R und BEN 160 R, 6 Radlader der Typen BEN 12 S, BEN 16 S, BEN 19 S, BEN 22 S, BEN 25 S und BEN 40 S sowie 2 Baggerlader der Typen BEN 80 R und BEN 80 RG, 2 Laderaupen der Typen BEN 60 M und BEN Super 58/I-HC wurden angeboten. Dazu kamen noch die kleinen Heckbagger-Varianten „La Giraffia" 33, 33 S und 41. Der Raupenschwenklader MW 140 wurde durch den ebenfalls neu konzipierten MW 180 abgelöst. Neu waren auch die speziell für die Stahlindustrie entwickelten Teleskopbagger der IM-Serie, die jedoch auch in der Bauwirtschaft Verwendung fanden. In der überwältigenden Anzahl an Neuerungen stach allerdings noch eine weiterer Baumaschine besonders hervor: Es war der erstmals hydrostatisch angetriebene Baggerlader BEN Universal 2000, mit dem Benati nun auch auf diese neue Antriebsart setzte.

Benati positionierte sich zu dieser Zeit zwar selbstbewusst, aber durchaus bodenständig am Markt. „Wir sind weder die Größten noch die Wichtigsten, aber die Zukunft gehört auch uns." lautete damals die Selbsteinschätzung des Herstellers, der zwar die meisten inländischen Mitbewerber wie Benfra, Laltesi oder Hydromac überrundet, aber seinen größten Konkurrenten Fiat immer vor Augen hatte. Dieser hatte sich gerade durch die Übernahme von Allis-Chalmers zu Fiat-Allis entwickelt und dadurch erheblich an Stärke gewonnen. Eine gefährliche Stärke, wie sich später zeigen sollte.

Schnelle Entwicklung bei den Hydraulikbaggern

Benati hatte nunmehr mit 8 Grundtypen eines der umfangreichsten Angebote an Hydraulikbaggern in Italien. Besonders bei dieser Baumaschinenkategorie war die Nachfrage ausgesprochen stabil und die Kunden verlangen weitere, vor allen leistungsstärkere Maschinen. Im Jahre 1977 wurden daher die C-Typen zur CS-Serie weiterentwickelt. Neben einem Designsprint bei der Optik war vor allen die nun bei den Raupenbagger-Typen ab BEN 160 CS eingeführte Zweihebel-Steuerung mit Servounterstützung signifikant. Über diese Eigenschaften verfügte dann auch der bislang größte Hydraulikbagger von Benati, der BEN 525 CS mit fast 50 t Gewicht, der schon bald einen noch größeren Bruder bekommen sollte. Bereits 1979 gab es ein weiteres Upgrade bei den Baggern: Die CSB-Baureihe. Zusätzliche Optimierungen am Hydrauliksystem und einzelnen Komponenten

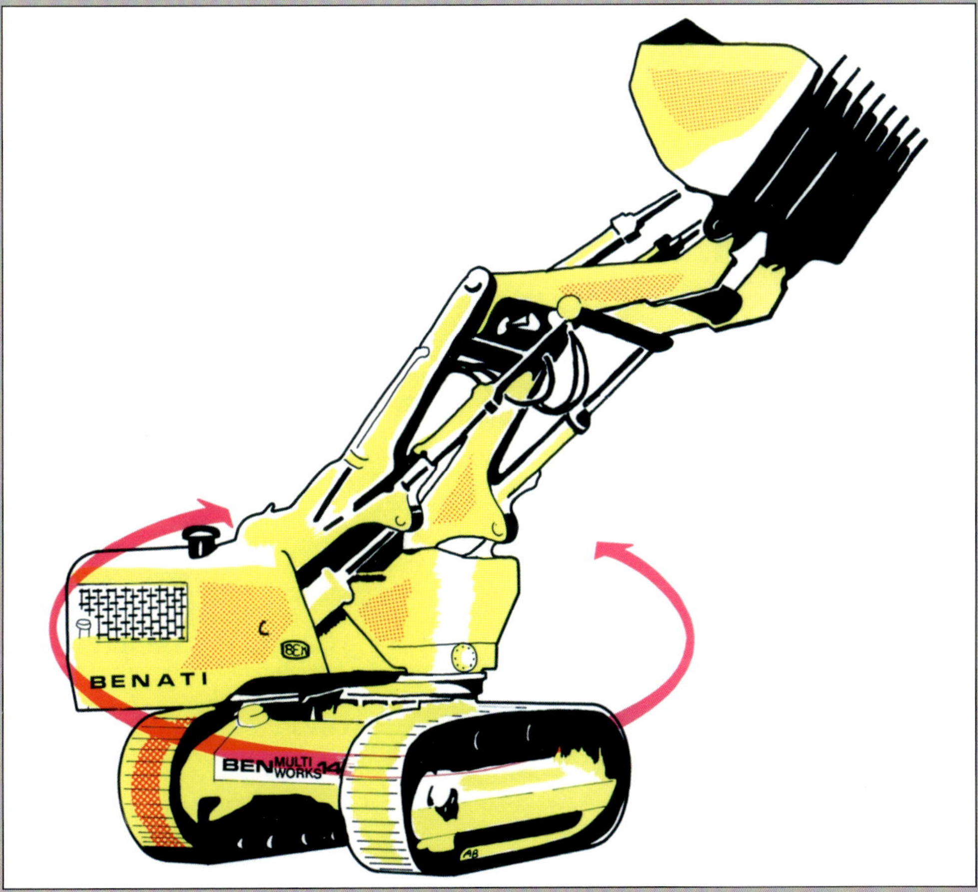

Außergewöhnlicher Erdbeweger: Durch die Akquisition des Hersteller Tellus konnte Benati das Angebot durch den sehr speziellen BEN Multi World 140 erweitern. Mit 1,6 m^3 Schaufelinhalt und 13,5 t Gewicht war diese Maschine überaus produktiv. Mit ihr ließen sich die Eigenschaften von Raupenlader und Bagger vereinen. Bei einer Ladehöhe von über 3,5 m konnten problemlos auch hochbordige Lastwagen beladen werden. Mit 12 t Vorschubkraft hatte die Maschine zudem genügend Kraftreserven.

sowie die Entwicklung einer vollkommen neuen Fahrerumgebung in Form der modernen Kabine zeichneten diese neuen Benati-Hydraulikbagger nun aus. Mittlerweile zählte das gesamte Programm beeindruckende 3 Mobil- sowie 12 Raupenbagger, von denen der BEN 610 CSB mit rund 64 t Gewicht vorerst die Spitze bilden sollte. Schon zwei Jahre später wurde er vom 96-Tonner BEN 910 HDB überrundet. Dieser war und blieb der größte jemals gebaute Bagger von Benati. Aber auch die weiteren Produktgruppen wurden von den Norditalienern ständig weiterentwickelt und ergänzt. Die neue SB-Reihe der Radlader umfasste 8 Typen, welche z. T. die zusätzlichen Attribute „Super“ und „Turbo“ erhielten. Weitere Neuheiten waren zu diesem Zeitpunkt u. a. auch die Laderaupen BEN 60 PS und BEN 130 PS. Absolute Innovationen stellten sodann die im Jahre 1983 präsentierten hydrostatischen Raupen dar. Die Laderraupe 7.16 verfügte über einen Heckmotor und entsprach so den damaligem Trend, den auch Liebherr und Caterpillar verfolgten. Die Planierraupe 8.14 war konventionell konzipiert.

Mit den BEN 160 C hatte Benati in Jahre 1973 einen überaus starken Raupenbagger im Programm. Die Daten: 106 / 110 PS – 16,5 t – 0,75 m^3.

Weiterentwicklung: Mit dem BEN 160 CS kam 1977 präsentierte Benati nicht nur einen neuen Typen, sondern führte auch die servounterstützte Zweihebelsteuerung bei den großen Maschinen ein. Das Fahrwerk wurde durch zwei weitere Pedale gesteuert.

Der BEN 230 C war mit 23 t Gewicht ein für die damalige Zeit recht „schwerer Bocken". Alternativ standen zwei Motoren zur Auswahl: Deutz F6L 413 oder Perkins V8 510. Der Standardtieflöffel hatte ein Fassungsvermögen von rund 1 m^3.

Der Nachfolger, BEN 230 CS, verfügte annähernd über die gleich Leistungsdaten. Mit 24,5 t wog er jedoch in der Standardversion etwas mehr. Als HD-Variante konnten dann noch einmal gute 3 t dazu gezählt werden.

Links: Beeindruckende Erscheinung: Die 32 t Gewicht des BEN 310 C wurden durch seinen wuchtig wirkenden Aufbau noch verstärkt… Rechts: …was sich bei der neuen Bauform des BEN 310 CS dann etwas relativierte. Power hatten allerdings beide Versionen: Rund 27 t Losbrechkraft sowie 207 PS Motorleistung konnten sie im Einsatz aufweisen.

Mit Allradantrieb und 115 PS war der BEN 15 GM auch für härteste Beanspruchungen geeignet, was hier auch die verstärkte Ausführung der Ladeschaufel unterstreichen sollte. Die Kabine entsprach den Zeitgeist.

Links: Zwischen 47 und 53 t wog der größte Bagger im damaligen Angebot. Die Hydro-BEN–Hydraulikanlage verfügte über 2 Axialkolbenpumpen und Steuerblöcke. Das 2-Kreissystem war summenleistungsgeregelt mit einem Arbeitsdruck von 250 bar. Die Hubzylinder verfügten dadurch über Kräfte von 2 x 63 t! In der Klappschaufel war Raum für 3,4 m^3 Material.

Teamwork: Gleich zwei BEN 10 GM wurden hier in Pose gebracht. Mit 1,1 m^3 Schaufelinhalt und 110 PS Motorleistung war dieser Typ in den Sechziger Jahren der kleinste reguläre Radlader. Die Inspiration für seine Konstruktion war mehr als augenscheinlich.

Knickgelenkter Nachfolger wurde der BEN 12 S

Der Prospekt aus dem Jahre 1969

Links: Der Prospekt aus dem Jahre 1973. Rechts: Weiterentwicklung: Der BEN 22 S löste die GM-Baureihe ab. Als Motoren standen entweder die Typen Fiat 820, Perkins V8 605 oder Deutz F8L 413 zur Auswahl.

Der BEN 10 GM war nicht der einzige Radlader, der vom Aufbau und der Art der Kinematik an ein Vorbild aus den U.S.A. erinnert. Auch anderer Hersteller außerhalb von Italien – z. B. Merton in England – folgten diesem Konstruktionsprinzip.

Nach den ersten Knicklader, dem 20 GM im Jahr 1969, folgte ein Jahr später der BEN 22 GM als größte Radlader von Benati. Mit 210 PS und 3 m³ Ladeschaufel-Inhalt konnten auch große Erdbewegungen und Ladearbeiten erledigt werden. Dabei wurde die Maschinen keineswegs geschont. Optional gab es auch für diesen Typen eine Fahrerkabine.

Der Baggerlader BEN 80 R verfügte über den Heckbagger „Giraffa 41" und 78 PS. Die Bezeichnung bezog sich jeweils auf die Grabtiefe: 4,1 m

Mit dem Heckbagger „Giraffa 33" war der BEN 70 R ein leistungsfähiger Baggerlader. Als Antrieb diente ein 4-Zylinder Same -Motor mit 67 PS.

Die Compactoren BEN 16 SC, BEN 19 SC, BEN 22 SC und BEN 25 SC basierten auf den Radladern, wurden jedoch in zahlreichen Details dem Einsatz auf Mülldeponien angepasst

Prospekt des Mobilbaggers IM 20 R

Beeindruckend: Mit 436 PS und einem Schaufelinhalt von 6,4 m³ war der BEN 40 S im Jahr 1978 nicht nur der stärkste im Benati-Programm, sondern auch der größte serienmäßig in Europa gebaute Radlader seiner Zeit.

Bis zu 4 m³ Schaufelinhalt hatte der BEN 25 S, der in der Standardversion rund 22 t Gewicht aufweisen konnte. Angetrieben wurde die Maschine mit 245 PS.

Unikat: Dieser BEN IM 24 war mit einer zusätzlichen und erhöhten Fahrerkabine auf der rechten Seite ausgerüstet worden. Auch entsprach der Ausleger nicht dem Standard. Die Zuleitung für den Elektroantrieb erfolgte über einen Schwenkausleger, der auf dem Oberwagen montiert wurde.

Spezialität: Für den Einsatz in der Stahlindustrie bot Benati eine Reihe modifizierter Hydraulikbagger mit Teleskopauslegern und zusätzlichem Fahrerhaus. Dieser BEN IM 10 wartetet im Jahre 1977 auf seinen nächsten Einsatz im Stahlwerk. Weiterer Typen waren IM 9 B, ICH BIN 14, 25 und 30.

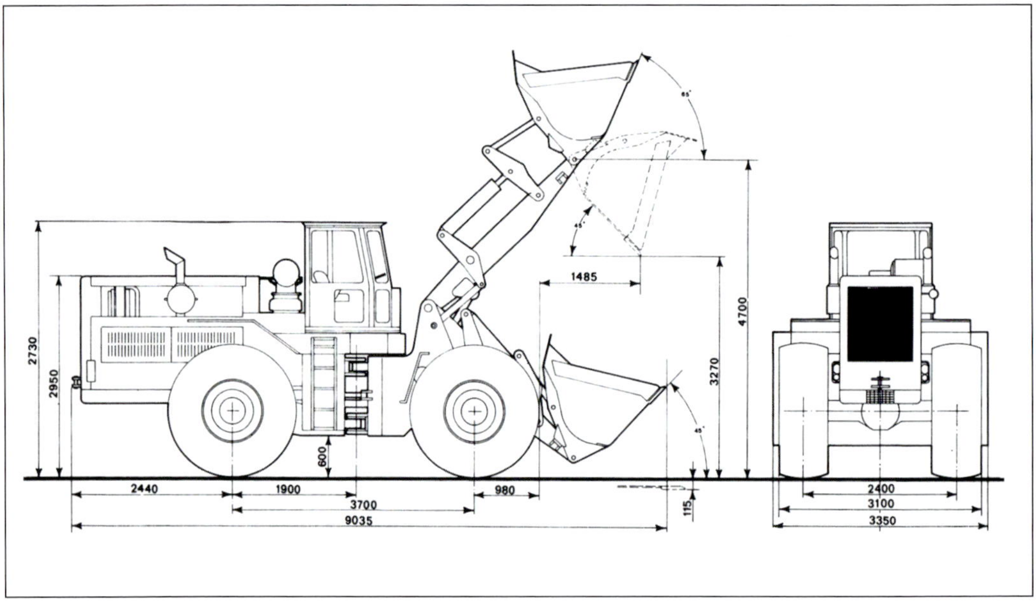

Die Abmessungen des BEN 40 S. Als Motoren diente ein GM-Motor V 12 mit 476 PS

Kraftvoll schon sich der BEN 16 S in das Haufwerk. Mit einen Gewicht von 9,5 t lag seine maximale Nutzlast bei 3,2 t. Hub- und Kippzylinder entwickelten jeweils Rind 16 t Kräfte. Das sorgte für eine volle Schaufel.

Eine Geschwindigkeit bis zu 38 km/h konnte der BEN 22 S im 4. Gang erreichen. Vorsichtig musste der Fahrer dann die Hydrolenkung bedienen, damit keine abrupten Bewegungen die Maschine aus der Spur zwangen. Der Winkel der Knicklenkung betrug 70°, womit ein äußerer Wenderadius von 6,6 m ermöglicht wurde.

Die Laderraupe BEN 60 PS rückte im Jahre 1978 an die Stelle ihres Vorgängers. Der Markt für Laderraupen war seinerzeit noch gut nachgefragt und so behielt Benati dieses Segment stets fest im Blick…

… und präsentierte mit der BEN 130 PS noch eine weitere, mit 165 PS und 1,5 m^3 Schaufelinhalt zugleich stärkere Maschine

BENSUPER 58 HS: Mit 55 PS und 0,6 m^3 Ladeschaufel war die Laderraupe für viele kleine Aufgaben die ideale Baumaschine im Jahr 1974. Vielseitiger wurde sie dann noch durch den Heckbagger Giraffa 33, der sowohl zentralmontiert, als auch seitlich verschiebbar lieferbar war.

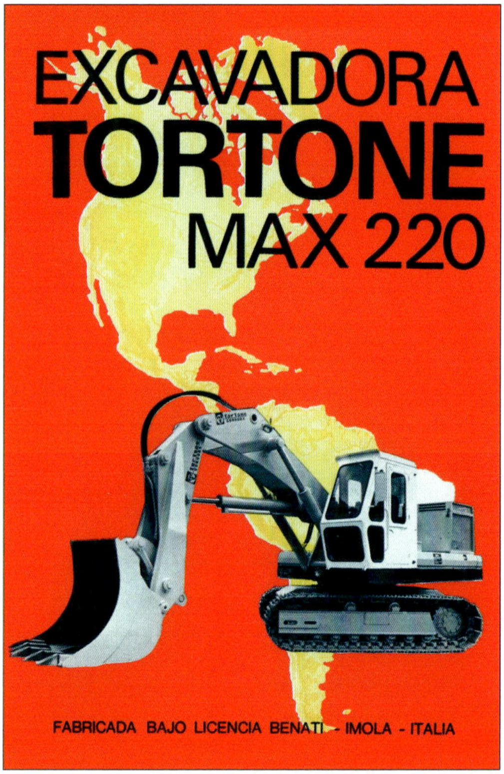

International begehrt: Die Benati-Hydraulikbagger hatten eine großartige Reputation. Nicht ohne Grund wurden daher auch Lizenzen an Tortone (Argentinien) und Guria (Spanien) vergeben.

Neuer Name – neue Typen

Nach dem plötzlichen Tot von Renato Bacchini im Jahre 1983 musste sich das Unternehmen neu aufstellen. Das Jahr 1987 markierte daher einen weiteren Meilenstein in der Geschichte von Benati. Die Unternehmensgruppe wurde nun zunächst von Guidalberto Guide übernommen um dann neu strukturiert zu werden. Das Baumaschinengeschäft firmierte zukünftig als Benati Maschine SpA. Es wurden die Auslandsvertretungen Benati USA Inc. für Vertrieb und Marketing in Nordamerika und Kanada sowie Benati UK Ltd. für Großbritannien gegründet. Weiter kamen die Firmen Faco Oleodinamica SpA und Unit SpA hinzu, die sich mit der Herstellung von Komponenten befassten. Zeitgleich mit diesem Schritt folgte die bisher umfassendste und auffälligste Neugestaltung der unterschiedlichen Produkte. Als erstes Modell dieser neuen Palette wurde der moderne Raupenbagger 3.21 stellvertretend im neuen gelbgrünen Farbkonzept und mit neuem Firmenlogo auf der SAMOTER 1987 präsentiert. Größter Bagger dieser Zeit war jedoch vorerst noch der zwischenzeitlich entwickelte BEN 610 HDB, nachdem die Produktion des nächst größeren BEN 910 HDB nach nur wenigen gebauten Exemplaren vorzeitig beendet wurde. Ebenfalls auf der italienischen Baumaschinenmesse zeigte Benati Ambitionen auch Maschinen zur Bodenverdichtung anbieten zu können. Aus diesem Zweck stellte das Unternehmen einmalig mit dem Prototyp 9.20 einen 12,5 t schweren Walzenzug vor, bei dem es dann jedoch auch geblieben war. Das Kerngeschäft sollten zukünftig Baggerlader, Hy-

Rund 11 t wog der BEN 90 CSB, der hier unter sehr beengten Verhältnissen zum Einsatz kam. Neu war nun u. a. auch die Kabine, die eine Breite von 920 mm und eine Hohe von fast 1.500 mm aufwies. Das war für den Fahrer durchaus geräumig und bot somit einen Menge Bewegungsfreiraum.

Auch der BEN 120 CSB erschien zum Ende der 1970er Jahre in neuem Design. Als Antrieb diente dem Raupenbagger ein 4-Zylinder Deutz Dieselmotor mit 87 PS. Mit dem Standard-Löffelstiel waren Grabtiefen von bis zu 4,5 m möglich.

Dynamisch wurde der BEN 90 CSB hier im Einsatz gezeigt. Der Löffel wirkte dabei recht voluminös. Sein Inhalt lag maximal bei 0,75 m^3. Gut zu erkennen ist die perfekte Rundumsicht aus der Kabine. Das Blickfeld des Fahrers wurde durch kaum etwas eingeschränkt.

Für den Einsatz als Moor-Raupenbagger wurde dieser BEN 120 PE konzipiert

draulikbagger und Radlader darstellen – und hier sollte es nun ab 1989 mit der neuen 5er-Radlader-Baureihe weitergehen. Dazu kamen zwei weitere, knickgelenkte Laderbagger der Typen 5.08 G und 5.10 G.

Vollkommen neue Ideen wurden bei der Konzeption eines weiteren, kleinen Mobilbaggers umgesetzt. Obwohl dieses Marktsegment für das international ausgerichtete Geschäft von Benati nach und nach an Bedeutung verlor und die Stammmärkte in Europa durch den Wettbewerb sehr gut besetzt waren, entschlossen sich die Italiener für ein bis dahin von andern Herstellern kaum beachtete Baugröße: Den Kompakt-Mobilbagger.

Erfolgreich auch in Deutschland – mit kleinen Mobilbaggern

Bis dahin wurden die kleinsten Mobilbagger von den etablierten Produzenten mit Tonnagen von minimal 10 t angeboten. Der Bereich darunter wurde mit den damals zaghaft aber zunehmend aufkommenden kleinen Minibaggern bedient. Dazwischen entstand eine Lücke, die durch den steigenden Bedarf der Anwender immer größer wurde. Gründe hierfür waren unter anderem die zunehmenden Einsatzgebiete in Innenstädten sowie in beengtem Baustellensituationen. Maßgebliche Impulse für eine solche kleine kompakte Baumaschine drangen daher auch über die Anwender und Händler in die Entwicklungsabteilung von Benati. Dort wurden die wichtigsten Aspekte für ein erfolgsversprechendes Konzept zusammengefasst: Gewicht um 8 t, Knickausleger, Allradlenkung. Eine „Orientierung“ sollten die HML-Bagger von Schaeff darstellen, die damals als einzige dieses Marktsegment abdeckten. Im Jahre 1989 konnte Benati mit dem Mobilbagger 3.07 R jetzt ebenfalls ein vielversprechendes Ergebnis präsentieren. Mit 7,5 t Einsatzgewicht, seinem 76 PS starken Perkins-Motor, Planierschild, schwenkbarem Ausle-

Der Prospekt aus dem Jahre 1981

Der Mobilbagger-Prospekt aus dem Jahre 1982

Mit 15,5 t Einsatzgewicht war der BEN 145 RSB ein leistungsstarker Mobilbagger in der Mittelklasse. Die Hydraulikanlage lieferte eine gleichbleibende Leistung und die „Soft"-Steuerhebel sorgten für feinfühliges Arbeiten. Wahlweise standen Single- oder Zwillingsreifen zur Auswahl. Die hydraulische Abstützung gehörte zum Lieferumfang.

ger sowie Allradantrieb und Allradlenkung, erregte dieser neue Bagger rasch große Beachtung in der Fachwelt. Mehr noch, denn seine Markteinführung fiel zugleich mit einem weiteren, die Baukonjunktur wesentlich beeinflussenden – Ereignis – der deutschen Wiedervereinigung. Nie war der Bedarf innerstädtischer Sanierung größer als nach dem Fall der Mauer. Für alle diese, jahrelang andauernden Aufgaben bestand ein unfassbarer Bedarf an kompakten Baumaschinen – nur hatte Benati zu diesem Zeitpunkt keine direkten Absatzkanäle in Deutschland. Das erkannten auch Vertriebsspezialisten unterschiedlicher Baumaschinenhändler, auf deren Initiative dann die BENMAC Baumaschinen Entwicklung und Betriebsgesellschaft entstand. Über diesen Weg kamen Anfang der 1990er Jahre zahlreiche BENMAC (Benati Macchine) Hydraulikbagger über unterschiedliche Baumaschnenhändler und Vermieter nach West- und vor allem Ostdeutschland. Ein ähnlicher Weg wurde auch in den Niederlanden beschritten. Dort hießen diese dann BENMAG und ETEC.

Die kleinen Mobilbagger erweckten zugleich Aufmerksamkeit bei anderen Herstellern, zu denen auch die Kramer Werke – damals in Überlingen – gehörten. Das Konzept der kompakten Bagger, von denen es zusätzlich eine Raupenversion gab – passte sehr gut zu den allradgelenkten Schaufelladern des Herstellers vom Bodensee. Im Jahre 1995 kam es in Folge längerer Verhandlungen dann zur Übernahme der kompletten Baureihe. Die Typen 806, 808 (auch als Raupenbagger) sowie 812 wurden anfangs noch exklusiv in Italien gefertigt. Zu dieser Zeit hatten Kramer und Fiat-Hitachi zudem eine Kooperation, die auch die Lieferung von deutschen Radladern für das „Compact Line"- Programm der Italiener beinhaltete. Ab 1998 wurde die Fertigung der Bagger – es blieben nur noch der 808 und 812 als weiterentwickelte „Serie 3" übrig – vollkommen nach Deutschland verlegt und nach der Fusion mit Neuson im Jahre 2002 wieder eingestellt.

Aber nicht nur Mobilbagger aus Italien gelangten in anderem Gewand über separate Vertriebsnetze auf die Baustellen der Nachbarländer. Ab 1989 kooperierte auch Demag mit Benati. In Ermangelung eigener „kleinerer" Raupenbagger wurde das Programm zunächst mit den Benati-Typen 3.28 (Demag H 30) und 3.35 (Demag H 35) angereichert.

Ergänzung durch Minibagger und Kompaktlader

Der wachsende Markt an kleinen Baumaschinen bewog Benati dazu, auch Minibagger in das Program zu integrieren. Hierfür kooperierte das Unternehmen mit dem damaligen italienischen Hersteller Ygri, dessen kleine Maschinen mit Gewichten von 1,3 bis 2,4 t nun auch unter der Marke Benati als Typen M 13, M 14 und M 25 das Angebot ergänzten. Ebenso stammten die BEN-LOADER SL 30, SL 45 und SL 60 nicht

Der Prospekt aus dem Jahr 1981

aus eigenen Fertigung. Sie entsprachen vielmehr den Skid-Steer-Ladern von Sperry/New-Holland bzw. Ford und konnten selbstverständlich mit entsprechenden Heckbaggern ausgerüstet werden.

Übernahme durch Fiat

Zum Ende der 1980er Jahre kündigten sich auf den italienischen Baumaschinenmarkt einschneidende Veränderungen an. Dominiert wurde das Handeln von Fiat, dem seinerzeit stärksten Anbieter in Italien – noch vor Caterpillar. Von hier ausgehend wurde nun ein Globalisierungs-Feldzug angeführt, der letztendlich nicht nur Auswirkungen auf Italien haben sollte. Bereits im Jahre 1986 hatten sich Fiatallis und Hitachi zu einem Joint Venture zusammen geschlossen, um gemeinsam Hydraulikbagger zu entwickeln. Resultat dieser Kooperation waren zunächst die modernen FH-Raupenbagger, die in San Mauro bei Turin für den europäischen Markt gefertigt wurden. Damit lösten dieses Maschinen die ursprünglichen Simit-Konstruktionen ab, die seit 1970 bei Fiat integriert waren.

Wahlmöglichkeiten: Der Hauptausleger des BEN 160 CSB konnte – ebenfalls wie bei den anderen größeren Raupenbaggern – in zwei unterschiedlichen Positionen angebracht werden. Die erste Bohrung war für Arbeiten mit dem Tieflöffel vorgesehen. Die zweite Bohrung diente zur Verbesserung der Arbeitskurven mit Hochlöffel. Der Zwischenausleger konnte zudem noch viermal verstellt werden. Insgesamt standen drei verschiedene Löffelstiel-Längen zur Auswahl.

Unter Beobachtung: Besonnen beobachtete der Fahrer des Kippers, wie sein Kollege die Ladefläche nach und nach füllte. Mit dem 0,65 m^3 fassenden Löffel wurde daraus sicherlich keine lange Pause.

Der Raupenbagger BEN 190 CSB in seinem Element. Kraftvoll füllte sich der Tieflöffel der 20-t-Maschine und erledigte die Erdarbeiten zügig. Der Bagger stand dabei fest auf Bodenplatten in 500, 600 oder 700 mm Breite auf 3.720 mm langen Raupenschiffen mit 8 Lauf- und einer Stützrolle je Seite.

Die Kanalrohre sollten für den BEN 190 CSB kein Problem darstellen. Immerhin entwickelten sich an den Zylindern recht ordentliche Kräfte. Die Reißkraft lag bei rund 12 t.

Nun waren vor allem die Baggerlader von Benati im Fokus der Fiat-Einkäufer, die diesen Markt besonders in Hinblick auf die angepeilte Internationalisierung als sehr lukrativ einstuften. Im Jahre 1989 geschah nun das Umvermeidliche und Fiat-Hitachi übernahm die Mehrheitsbeteiligung bei Benati. Damit gehörte Benati nun zur Fiat-Gruppe.

Für die Marke Benati bedeutet die Zugehörigkeit zu Fiat zunächst nur wenige Veränderungen. Noch sollte die Strategie des neuen Eigentümers, CNH Global, mit unterschiedlichen Marken die unterschiedlichen Märkte zu versorgen, bestand haben. Zusätzlich sollte sogar die Auslastung der Benati-Werke durch eine Erhöhung des Absatzes bei Baggerladern über das Fiat-Vertriebsnetz sowie die Vermarktung von Raupenbaggern unter der Marke Fiatallis in Nordamerika deutliche Verteile erbringen. Tatsächlich entwickelte Benati in dieser Zeit aktiv das Programm weiter und stelle ab 1991 mit den Hydraulikbaggern 3.16, 3.16 R, 3.20, 3.22 und 3.30 eine neue Typenreihe vor. Größter Bagger war der 1994 vorgestellte 3.45 mit rund 45 t Einsatzgewicht, der auch im Demag-Baggerprogramm als H 45 angeboten wurde. Während dieser Zeit wurde Benati bereits zur Firma „Fiat-Hitachi Excavators S.p.A. – Benati Division Macchine“ umbenannt. Viele Komponenten dieser neuen Baggers stammten daher auch bereits aus dem „Baukasten“ der Muttergesellschaft. So wurde das bisherige Hydrauliksystem „Vario Matic“ durch das weiter optimierte „BHS-System“ abgelöst. Noch einen weiteren letzten Namen, nämlich „Total Funktion System“ erhielt die Hydraulik von Benati im Jahre 1995 mit der

Neuer Look: Im Jahre 1984 verfügte der BEN 190 CSB über eine zusätzliche Seitenscheibe auf der linken Seite. Auch waren nunmehr weiterer Ausrüstungsmöglichkeiten, wie verschiedene Laufwerke sowie Monoblockausleger verfügbar.

Kraftvoller 20-Tonner: Der BEN 195 RSB 1985

Der BEN 230 CSB war mit Monoblockausleger…

… und mechanisch verstellbarem Ausleger lieferbar

Präsentation des endgültig letzten Raupenbaggers vom Typ 3.22 B aus der Fertigung des Werkes in Imola. Danach wurde dann Wirklichkeit, was viele langjährige Mitarbeiter lange befürchtet hatten: Das Produktion wurde am 31. Dezember 1995 eingestellt.

Nach dem Ende der Benati-Produktion und dem Verschwinden des Markennamens waren die Aktivitäten in Imola jedoch noch nicht gänzlich vorbei. Der Hauptgrund für die Übernahme durch Fiat waren die Baggerlader, die Benati vorzüglich über die Jahre hinweg entwickelt hatte. Dieses Segment konnte Fiat alleine durch die ebenfalls zum Konzern gehörenden Ford-Maschinen nicht vollständig bedienen. Vor allem die allradgelenkten Baggerlader sollten nun unter

Einsatz in Österreich: Der gewaltig wirkende BEN 270 CSB bei der Beladung des Muldenkippers. Die Maschine hatte gerade einmal 27,5 t Einsatzgewicht.

Auf dem langen Laufwerk stand dieser BEN 270 LCB auch bei Abbrucharbeiten fest und sicher. Der 3.850 mm-Löffelstiel eignete sich für derartige Einsätze besonders gut, da er die Reichweite der Maschine erheblich vergrößerte. Spezielle Abbruchausrüstungen oder Schutzeinrichtungen waren dagegen noch kein Standard zu dieser Zeit.

Der BEN 310 CSB: 39,5 t Einsatzgewicht, 208 PS und rund 2 m^3 Löffelinhalt!

Mit 16 t Reißkraft arbeitet sich der BEN 310 HDB beim Pipelinebau durch das unebene Gelände. Entweder mit einem Fiat 6-Zylinder oder Perkins V8-Diesel mit rund 180 PS waren dafür immer genügend Reserven vorhanden. Auch das Laufwerk war für solche bergigen Einsätze geschaffen: Maximale Steigfähigkeit 100 % bei Zugkraft von 26,5 t!

den Marken Fiatallis, Fiat-Hitachi, nach der Auflösung des Joint-Venture im Jahre 2002 als Fiat-Kobelco und ab 2004 als New Holland auf dem internationalen Markt punkten. Um dieses Ziel erreichen zu können, steckte Fiat eine Menge Kapital in die alten Produktionsanlagen und begann dann erneut in Imola ab 1996 mit der Herstellung von Baggerladern der ursprünglichen Benati-Baureihe. Zumindest in diesen Baumaschinen verbarg sich der „spirito di Benati" noch eine Weile. Nach einigen wechselvollen Jahren entschied sich Fiat dann jedoch zur endgültigen Schließung und beendete 2009 damit die Baumaschinentradition in Imola.

Die Marke lebt weiter

Viele Unternehmen, die durch Fiat übernommen und am Ende aufgelöst wurden, hatten eine sehr starke emotionale Bindung zu ihren einstigen Kunden und Anwendern. Sowohl bei Simit, Poclain oder O&K bestanden seither sehr hohe Markensympathien, die unter der Dachmarke CNH kaum kompensiert werden konnten. Diesen Vorteil erkannte auch Isabelle Maria Bacchini, die im Jahre 2010 beschlossen hatte, das Werk Ihres Vaters wieder zu beleben. Mit der Gründung der Benati Group Srl in Imola startete sie mit einen vorerst kleinen Programm an Minibaggern, Mobilbaggern und Kompaktladern unter der Bezeichnung von Benati. Die neuen Benati-Baumaschinen werden in Kooperation der Firma Messersi SpA in Casine di Otstra – Senigallia (AN) gefertigt und hauptsächlich in Italien verkauft. Auch bietet die Firma seit nunmehr 10 Jahren kompetenten technischen Support sowie Ersatzteile für alle noch im Einsatz befindlichen Benati-Maschinen und leistet damit einen großen Beitrag dafür, dass die große italienische Marke noch nicht so schnell in Vergessenheit geraten wird.

Der BEN 525 CSB war mit seinen über 53 t Gewicht der drittgrößte Bagger im Jahre 1980. Für den Antrieb wurde ein GM 8V71N-Dieselmotor mit 260 PS eingebaut. Hier wurde der Bagger mit einem über 10 m besonders langen Löffelstiel ausgestattet. Der Tieflöffel war dann mit 1,2 m besonders schmal gewählt und hatte somit „nur" 1,5 m^3 Inhalt. Die Kabine war für eine bessere Sicht des Fahrer leicht erhöht angeordnet.

Der Prospekt aus dem Jahr 1987

Bergwerker: Nicht nur auf Baustellen, sondern auch im Gewinnungseinsatz hinterließ der BEN 610 CSB einen stattlichen Eindruck. Mit den 330 PS aus dem Fiat-Motor, und 63,5 t Einsatzgewicht war er für die großen Aufgaben wie geschaffen. Die hydraulische Klappschaufel fasste 3,5 m^3.

Rekord: Mit dem BEN 910 HDB ist es Benati im Jahre 1981 gelungen einen 96 t schweren Hydraulikbagger zu entwickeln, der von 2 Fiat-Motoren mit jeweils 260 PS angetrieben wurde, einen 7 m^3 Klappschaufelinhalt hatte und über rund 40 t Losbrechkraft verfügte

Kleinster Vertreter der ab 1979 eingeführten neuen Radlader war der BEN 9 SB mit 1,2 bis 1,6 m^3 Schaufelinhalt. Ein Fiat 8051 Dieselmotor sorgte für die entsprechende Leistung.

Auch der BEN 12 SB verfügte nun, wie alle Radlader der neuen Baureihe, über eine doppelte Z-Kinematik. Serienmäßig wurden ebenfalls eine ROPS-Kabine geliefert.

Den BEN 16 SB von 1982 trieb ein Perkins T 6.3544 Dieselmotor mit 136 PS an…

…während der BEN 16 SB aus dem Jahre 1985 Super über einen Fiat 8361 I – Motor mit 169 PS verfügte

Der BEN 19 SB bei Arbeiten in einem Betonwerk

Komfortables Arbeiten: Der automatische Endanschlag bei maximaler Hubposition und die automatische Rückkehr der Schaufel in die Grabposition ermöglichten auch beim BEN 22 SB Super schnellere und sicherer Arbeitsphasen

Der BEN 25 SB Turbo mit 302 PS aus dem Jahre 1985: Fast 5 m^3 konnte mit der Standardschaufel geladen werden. Als Motor diente ein Fiat 8215 T.

Rund 32 t wog der BEN 35 SB als zweitgrößter Benati-Radlader seiner Zeit. Das Power-Shift-Getriebe mit 4 Gängen verfügte zudem über ein Modulationsventil. Die Einhebel-Getriebesteuerung mit elektronischer Betätigung sorgte für leichte Bedienung und ermöglichte den Gangwechsel ohne dabei das Lenkrad loszulassen.

Kraftprotz mit 480 PS: An der Spitze des stand 1986 mit 44 t Gewicht und rund 7 m^3 Schaufelinhalt der BEN 40 SB. Auch diesmal wählte Benati ein Antriebsaggregat von GM vom Typ 12 V 71 mit 12 Zylindern. Alternativ konnte ein 475 PS starker Detroit-Dieselmotor eingebaut werden.

Ein ganz anderes Konzept wurde bei der Entwicklung der hydrostatischen Laderraupe BEN 7.16 realisiert. Diese Maschine verfügte neben der neuen Antriebsart über einen Heckmotor sowie Z-Kinematik. Als Motor diente hier ein Perkins Typ T6.345.4 – die Geschwindigkeiten waren von 0 – 10,5 km/h stufenlos regelbar.

Um das Angebot abzurunden, wollte Benati mit der BEN 8.14 auch noch eine Planierraupe vorstellen, deren Weg allerdings nicht von Erfolg gekrönt war. Trotz einer glanzvollen Präsentation auf der Samoter 1985 wurde das Projekt der 170 PS starken und 21 t schweren Maschinen recht bald wieder gestoppt. Auch die Produktion der BEN 7.16 wurde schon 1989 wieder eingestellt.

Mit der Laderraupe BEN 60 B präsentierte Benati die nächste Generation der weiterhin beliebten und nachgefragten konventionellen Baureihe

Auch die Baggerlader wurden stets weiter entwickelt. Es war nur Deutschland, in den diese Baumaschinen langsam weniger gefragt waren. In allen anderen europäischen Ländern waren Mehrzweckmaschinen weiterhin sehr beliebt. Dementsprechend auch die hohe Zahl der Anbieter, von denen Benati ohne Zweifel zu den erfolgreichsten gehörte. So auch 1981 der BEN 1800…

… und auch der Nachfolger BEN 1800 PS (Power Shift) mit 75 PS im Jahre 1985

Die nächst größere Variante mit 80 PS stellt e der BEN 1900 dar, während der BEN Universal 2000 seit 1975 an der Spitze stand

Das die speziellen Industriemaschinen auch auf regulären Baustellen eingesetzt werden konnten, zeigte dieser BEN IM 14 mit Teleskopausleger

1982 kam der BEN Universal 2000 mit 82 PS in weiterentwickelter Bauart. Für den amerikanischen Markt gab es zusätzlich eine Version …

… die 1985 mit dem Upgrade zum BEN 2000 PSB wurde. Diesmal hatte der Baggerlader einen Fiat-Dieselmotor Typ 8051 I.05 mit 101 PS

Die letzten Radlader aus dem Benati Werk: Den Typen 5.12, 5.20, 5.25, 5.30 und 5.40 wurde jeweils ein Motor von Fiat installiert während die größte Maschine über eine neues „Demand Valve"-Hydrauliksystem zur Optimierung der Pumpenleistungen verfügte. Zudem bot Benati auf Basis des 5.12 noch einen Industrielader mit Parallelkinematik an. Dieser wurde als Typ 5.15 Multiservice verkauft.

Mit dem 2.19 konnte Benati einen konventionellen Baggerlader mit 82 PS anbieten, der den Ansprüchen vieler Kunden mit kleinen und einfachen Aufgaben vollkommen gerecht wurde. Die Maschine war einfach und solide konzipiert und konnte mit den wichtigsten Ausrüstungen, wie einer Multischaufel oder einem Teleskop- Heckbagger ausgestattet werden. Als Turbo-Version verfügte der 2.19 T dann über einen 103 PS starken Perkins-Motor.

Links: Neue Kompaktklasse: Mit dem 3.07 startete Benati eine Baureihe kleinerer Hydraulikbagger und entsprach damit dem Trend der 1990er Jahre nach wendigen Maschinen für den Einsatz in urbanen Regionen

Unten: Rund 15,5 t Gewicht hatte der Mobilbagger 3.15 in dieser Ausrüstung. Neben dem konventionellen Verstellausleger war die Montage eines Monoblocks möglich. Drei Stiele mit Längen bis zu 2,65 m konnten gewählt werden.

Oben: Zu den letzten Benati-Baggerladern gehörte der 2.19 B Turbo mit Allradantrieb

Eine neue Auslegerkinematik, ein schallgedämpfter Motorraum sowie ein neues Kabinendesign gehörte zu den wichtigsten Neuerungen der Raupenbagger 3.15, 3.18, 3.21, 3.28 und 3.35. Zum Benati-Bauprogramm wurde zusätzlich noch der 66 t schwere 610 HDB angeboten. Dieser verfügte, wie auch der 3.35, über das neue Hydrauliksystem „Vario-Matic".

Wieviel Benati steckte noch im 3.22 B? Zunehmend verschmolzen die Linien zwischen Benati und Fiat. Dennoch behauptete sich der Bagger noch mit dem neuen Hydrauliksystem „Total Funktion System" und den unterschiedlichen Wahlmöglichkeiten E-P-Control, OHS und FPS, mit denen der Fahrer die geforderten Arbeitsleistungen einstellen konnte.

Kleiner Auszug aus unserem Nutzfahrzeugbücher-Programm

Schiffsbau, Lübecker Radlader, Schwimmkrane, Bordkrane, Autokrane, Bundeswehrautokrane, Autobagger, Hydraulikbagger mit Kranausrüstung.

184 Seiten, 540 Bilder, 28 x 22 cm
Festeinband, ISBN 9783861339892
EUR 29,90 Bestellnummer **989**

Gewaltige Tagebaugeräte im Einsatz: Eimerkettenbagger, Schaufelradbagger weltweit, kompakte Schaufelradbagger, Absetzer und Schwimmbagger.

240 Seiten, 770 Bilder, 28 x 21 cm
Festeinband, ISBN 9783751610285
EUR 39,90 Bestellnummer **1028**

Spannende Einsätze namhafter und weniger bekannter Unternehmen aus Deutschland und anderen Ländern – aus jüngster Zeit und früheren Jahrzehnten.

240 Seiten, 660 Bilder, 28 x 21 cm
Festeinband, ISBN 9783751610131
EUR 39,90 Bestellnummer **1013**

Die Geschichte der deutschen Baggerladerhersteller und die Vielfalt der Typen anhand seltener Fotografien aus fast sieben Jahrzehnten.

160 Seiten, 480 Bilder, 28 x 22 cm
Festeinband, ISBN 9783861339649
EUR 29,90 Bestellnummer **964**

Case, Caterpillar, Fermec, Fiat, Ford, Huddig, Hydrema, Hymac, JCB, Kiew, Komatsu, Lännen, Mecalac, Terex Volvo, Warynsky und Whitlock.

160 Seiten, 480 Bilder, 28 x 21 cm
Festeinband, ISBN 9783861339922
EUR 29,90 Bestellnummer **992**

Die Triebwagen aus Esslingen gelten heute als Meilensteine der Eisenbahnfahrzeugfertigung in Deutschland. Mit einzigartigen Fotos von Fertigung.

168 Seiten, 480 Bilder, 28 x 21 cm
Festeinband, ISBN 9783751610124
EUR 29,90 Bestellnummer **1012**

Fordern Sie unser umfangreiches, kostenloses Gesamtverzeichnis an:

Verlag Podszun Motorbücher GmbH, Elisabethstraße 23-25, 59929 Brilon
Telefon: 02961-53213, Email: info@podszun-verlag.de, Webshop: www.podszun-verlag.de

Die aktuellen Fahrzeuge der Berufsfeuerwehr und der FF München. Viele Sonder- und Spezialfahrzeuge für die vielfältigen Schadenereignisse.

240 Seiten, 580 Bilder, 28 x 22 cm
Festeinband, ISBN 9783751610278
EUR 39,90 Bestellnummer **1027**

Als Ausdruck der Wertschätzung hat sich ein eigener Unimog-Wortschatz entwickelt. Das Vokabularium listet die Unimog- und MB-trac Spezifika auf.

144 Seiten, 280 Bilder, 21 x 15 cm
Broschur, ISBN 9783751610117
EUR 12,90 Bestellnummer **1011**

Aufwändig recherchiertes und akribisch bearbeitetes Werk: Die überaus interessante Geschichte des traditionsreichen deutschen Straßenwalzenherstellers.

240 Seiten, 600 Bilder, 28 x 21 cm
Festeinband, ISBN 9783751610292
EUR 39,90 Bestellnummer **1029**

Die spannende Geschichte der Firma Kahl bis zum Jahr 2004 mit einer Vielzahl historischer Fotografien. Transportberichte aus verschiedenen Jahrzehnten.

180 Seiten, 600 Bilder, 28 x 21 cm
Festeinband, ISBN 9783751610148
EUR 29,90 Bestellnummer **1014**

Die Zugmaschinen, die Kessel-Trafobrücken, die Ladekranfahrzeuge, die Selbstfahrer, die Achslinien, die Begleitfahrzeuge und spannende Transportberichte.

180 Seiten, 600 Bilder, 28 x 21 cm
Festeinband, ISBN 9783751610155
EUR 29,90 Bestellnummer **1015**

Ulrich Cramer war an der Entwicklung der Seecontainer maßgeblich beteiligt. Er dokumentiert und illustriert die Historie und die Entwicklung bis heute.

136 Seiten, 290 Bilder, 28 x 21 cm
Festeinband, ISBN 9783861339816
EUR 29,90 Bestellnummer **981**